北京及周边地区历史地震研究

贺树德 著

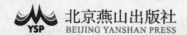

北京燕山出版社
YSP BEIJING YANSHAN PRESS

图书在版编目（CIP）数据

北京及周边地区历史地震研究 / 贺树德著 .— 北京：
北京燕山出版社，2013.4
ISBN 978-7-5402-3185-9

Ⅰ.①北…　Ⅱ.①贺…　Ⅲ.①地震—史料—北京市
Ⅳ.① P316.21

中国版本图书馆 CIP 数据核字（2013）第 066630 号

北京及周边地区历史地震研究

责任编辑：马明仁　金贝伦
封面设计：杜　宇
责任校对：杨富丽
出版发行：北京燕山出版社
社　　址：北京市西城区陶然亭路 53 号
电　　话：010-65240430
邮　　编：100054
印　　刷：三河市灵山红旗印刷厂
开　　本：710×1000　1/16
字　　数：278 千字
字　　数：1000 册
印　　张：19.75
版　　次：2013 年 6 月第 1 版
印　　次：2013 年 6 月第 1 次印刷
定　　价：32.00 元

序

　　我看着手中的书稿《北京及周边地区历史地震研究》时，世界上不少国家的一些政要和机构正在忙着辟谣，让人不要相信"2012 年 12 月 21 日地球大灭亡"，而我国一些地区也有人相信此说，以致某地一时蜡烛脱销。2011 年日本"3·11"大地震时，我国也有不少人相信传言，导致抢购含碘盐，闹成了一场不大不小的笑话。传播知识、宣传科学，是科学工作者义不容辞的义务，我常常感觉在我们国家这方面做得不够好。领导重视不够，媒体宣传不足，也有一些科学家认为这些事情影响他们的科研而不屑去做，实际是忘记或忽视了科学工作者最重要的社会责任。要知道，科学知识的普及是人类社会文明的标志，而且是最重要的标志之一。

　　而贺树德先生，即本书的作者，虽然是一位历史工作者，却对自然科学有着执著的热爱和不懈的追求。他在研究北京史的过程中，发现北京历史上发生过无数次大大小小的地震，地震史料十分丰富，大地震给北京及周边地区人民群众的生命财产造成了十分惨重的损失。特别是唐山大地震的惨痛损失，更加深了他对首都北京地位之重要和安全的担心、关注。北京历史上地震灾害频繁和严重，极大地激发了他研究北京及周边地区有文字记载以来的地震的责任感。他从三十年前就收集北京地区地震资料和对北京及周边地区地震的研究。从 1981 年年初开始，他从早到晚穿梭于北京图书馆、首都图书馆、国家科学图书馆和北京社会科学院图书馆，阅读索引，查证考实，从《明实录》《清实录》《明史》《清史稿》地方史志、二十四史、故宫档案等浩瀚文海中查阅、摘抄地震资料，仅北京地区地震史料达六十多万字。最后形成 27.8 万字，定名为《北京地区地震史料》，1987 年 7 月由紫禁城出版社正式出版。而后他又仔细梳理，去伪存真，从无数次大大小小的北京地震中筛选出几十次破坏性大地震，证明北京及周边地区（以北京市为中心，包括河北省、天津市、山东西北部、山西东部、内蒙古东南部和渤海湾西部地区）是地震多发区，历史上有许多地震活动断裂带。据他的研究和统计，从西汉成帝绥和二年九月（公元前 7 年 10 月）地震到 1976 年 7 月 28 日唐山大地震，等于或大于 $4\frac{3}{4}$ 级的大地震达 74 次之多，从历史上到现实生活中，给北京及周边地区带来多次巨大灾难，倒塌房屋无数，压死百姓数以万计，甚至几十万计。于是，在 1987 年书出版后贺先生又潜心研究 15 年，几易其稿，增删多次，补充资料，扩大周边，从地震频次、破坏情况到社会影响、人文生态、地理变迁，以及政治层面进行考证，命书名为《北京及周边地区历史地震研究》，写出了一部相当精彩的融历史、地理和人文于一体的研究文献和科普读物。

此书有严谨性。作者是一个历史学家，他从历史研究的角度，关注北京这个千年古都，看到了多发地震对北京以及中国历史的巨大影响。他对历次有记载的地震史实都予以考证，对误传和不实的资料进行筛选，力求严谨和科学。

此书有知识性。除了科学知识，还有很多社会知识，并从人文地理的角度进行思考，反映自然灾害与社会制度之间的关系，提出了深刻的防灾与治国的理念。

此书有可读性。文字生动，例如从地震的发生，到皇帝的谕批，百姓的抗震以及逃亡，解放前和解放后的对比等，列出了一个动态的画卷。

此书的写作反映了一个史学工作者对科学的热爱、对人民的热爱，以及高度的社会责任感。

我和贺树德先生并不相识，只有两次通话，至今尚未谋面。他1940年4月生于陕西子洲县。1964年西北大学历史系毕业，在北京社科院从事历史研究四十余年。我和他是校友，晚他入学许多年，应称学兄或老师。西北大学北京校友会介绍我为他的书作序。看书稿前有些犹豫。此前我接到过几次这样的要求，都是非自然科学工作者写的有关地球和地震的著作，希望推荐出版或者为其作序。对于业余地球爱好者，我是很尊敬的，他们会执著地进行研究和资料收集，有些人不惜为此花掉他们所有的工资。自然科学毕竟涉及很多包括技术资料的观察、实验以及理论知识，他们的书稿作为自然科学的论著出版还是欠缺的。但是看到贺先生的书稿，眼前为之一亮，他是从历史工作者的角度进行科学研究的。他的研究很好地发挥了历史工作者的特长，也很好地补充了地球科学工作者的不足。因此他的书是一部有关历史地震的科普书，是防震抗震的教材书，也是思考社会与历史的参考书。适合普通民众、公务员，也适合科学工作者，特别是从事地质灾害的科学工作者作为工具书来阅读。

范仲淹有名句：居庙堂之高则忧其民，处江湖之远则忧其君。是进亦忧，退亦忧。然则何时而乐耶，其必曰："先天下之忧而忧，后天下之乐而乐"乎。我从他的书稿里深深体会到他的为国为民的忧患意识。我作为一个地球科学工作者从他的论著中学到许多知识，也包括他做学问的科学态度，还有对社会的热爱和责任感。

特祝贺此书出版，并欣然从命，写了以上的话，即为序。

2012 年 12 月 21 日

于中国科学院地质与地球物理研究所办公室

（编者注：翟明国先生为中国科学院院士，中国科学院地质与地球物理研究所研究员。）

《北京及周边地区历史地震研究》

导　言

　　北京地区及周围是地震多发区，历史上经常发生地震，给北京的城市建设、宫廷园林造成极大破坏，也给人民的生命财产造成重大损失。就是现在，北京地震时有发生，经常威胁着人们的安全。特别是 1976 年的唐山大地震，使一座美丽的大城市唐山震为废墟，一百多万人口的唐山瞬间死伤达数十万，惨不忍睹。

　　我们研究北京地震，力图找出地震发震的规律性或周期性，总结历史经验，对于我们防震抗震和重大建设项目的选址都有现实意义。三十年前，笔者出于对首都重要地位的认识和对地震问题的关心，搜集北京地区历史地震资料，从各种地方志，《清实录》、《明实录》、二十四史等几百种古籍中，搜寻出六十余万字的地震史料，经过整理、筛选、研究、考证并编辑出版《北京地区地震史料》一书。在地震学和历史地震学界引起广泛关注，得到国内外同行的好评。

　　到目前为止，对于北京及周边地区历史地震还无人作出系统的深入的研究，也未见到有较高水平的专著，更未见到对北京地区及周围历史上重大地震给人们生命财产造成巨大损失，从中总结历史经验和吸取教训，以警告后人的专著。《北京及周边地区历史地震研究》就是拟将以上的想法变为现实，其内容包括北京地区及周围从有文字记载以来到现在的大地震，凡震级等于或大于4级的破坏性地震，本书均要收录和研究。每次大地震的资料力求穷尽。每次大地震之震中、震级、烈度及地震影响的范围，均要搞深搞透。

本书的撰著和出版，其社会价值可能有以下几点：

一、本书可供地震学和历史学研究者借鉴。

二、可提供历史上抗震和防震救灾的经验教训。

三、为首都北京大规模现代化建设提供选址上的地质依据，避免高大建筑坐落在地震断裂带和遗址上，防止历史地震灾害的重演，造成不必要的浪费和损失。

贺树德

2012 年 10 月 1 日

于北京市社会科学院

目 录
CONTENTS

北京历史上第一次大地震

——晋惠帝元康四年八月（公元 294 年 9 月）北京·居庸关大地震

在晋惠帝元康四年二月以前，北京地区没有记录下地震资料。本人翻阅了二十四史中的所有五行志，查阅了正史、野史和一百多部地方志，均未见到。后来，在唐朝人房玄龄等撰《晋书》中载："（晋惠帝元康）四年二月，上谷、上庸、辽东地震。"[（唐）房玄龄等撰：《晋书》五行志下，志第十九，中华书局点校本1974年版，第895页]梁朝人沈约撰《宋书》亦载："元康四年二月……上谷、上庸、辽东地震。"[（梁）沈约撰：《宋书》卷三十四,五行志五，中华书局点校本1974年版，第992页]以上两条史料中的"上谷"，即上谷郡，治居庸，即今北京市延庆东。这是北京地区最早的地震记录。同年八月，《晋书》惠帝本纪载："上谷、居庸、上庸并地陷裂，水泉涌出，人有死者。"[（唐）房玄龄等撰：《晋书》惠帝本纪，中华书局点校本1974年版，第92页]《晋书》五行志亦载："八月，上谷地震，水出，杀百余人。大饥。"[（唐）房玄龄等撰：《晋书》五行志下，中华书局点校本1974年版，第895页；并见《宋书》卷三十四,五行志]又载："八月，居庸地裂，广三十六丈，长八十四丈，水出，大饥。"[（唐）房玄龄等撰：《晋书》五行志下，中华书局点校本1974年版，第

899 页；并见李士宣修《延庆卫志略》，乾隆十年抄本。又见洪良品撰：《光绪顺天府志》卷六十九，祥异，第 2 页］这条重要的地震史料，在《宋书》上也得到清晰的记载："（晋惠帝元康四年八月），居庸地震，广三十六丈，长八十四丈，水出，大饥。"［（梁）沈约撰：《宋书》卷三十四，五行志五，中华书局点校本 1974 年版，第 933 页］

笔者查明，晋上谷郡统县二：治沮阳（今河北怀来东南）、居庸（今北京市延庆东），郡治在居庸。实际上沮阳（怀来东南）现亦属延庆县管辖。所以推定此次地震震中在居庸关一带，即北纬 40.3°，东经 116.0°。

此次地震就其破坏程度看，"上谷"、"居庸一带""地陷裂，水泉涌出"，而且进一步明确地裂"广三十六丈，长八十四丈"，情况相当严重。更有甚者，地震伤亡百余人，造成如此惨重的震情，按地震权威专家谢毓寿同志制定的《新地震烈度表》和李善邦制定的"补充规定"，此次地震震级为 5.5 级，烈度应为 7 度，是北京地区有地震记载以来最强烈的一次大地震。

1011年
北京之南河北正定地震

　　据宋代李焘《续资治通鉴长编》载：大中祥符四年六月戊子（1011年7月10日—8月7日），镇、眉、昌等州皆言地震。契丹界自应州而北，地震裂有声，室宇摧圮，人多压死。[（宋）李焘：《续资治通鉴长编》卷七十六]《宋史·五行志》载："（大中祥符）四年六月，昌眉州并地震。"[《宋史》卷六七五行志]而《宋史·真宗纪》亦载：[大中祥符四年七月壬午（十一日）]镇、眉、昌等州地震。（卷八《真宗纪》，中华书局点校本1985年版，第149页）

　　考："镇州"，治真定，今河北正定。而"眉州"，治眉山，今四川眉山。"昌州"，治大足，今四川大足。"应州"，治金城，今山西应县。以上三条史料，都记载上述地区地震，但镇州、应州距四川眉州、昌州甚远，疑非同一次地震。四川眉州、昌州地震姑且搁置一边，因不是本课题研究的对象。镇州、应州相距甚近，仅隔太行山脉，疑是同一次地震。

　　又考：戊子、壬午当是奏报之日，不是发震之时。

　　从地震造成的破坏和死伤人员情况看，地震烈度为8度，震级为

$4\frac{3}{4}$级。镇州，即河北正定破坏最为严重，所以震中位置当在正定，北纬38.2°，东经114.6°。从地震范围看，整个河北中部、西部，山西东部、北部都有震感。

另外，此次地震，在同年七月还发生了强余震，如《宋史》载："（大中祥符四年）七月，真定府地裂，坏城垒。"（《宋史》卷六七《五行志》五，中华书局点校本1985年版，第1484页）"坏城垒"，说明这次强余震烈度达到6度，震级达到$4\frac{3}{4}$级。

1011年河北正定地震，惊动了宋真宗，御批："此必辽境民灾，宜谕边臣，常为之备。"（李焘：《续资治通鉴长编》卷六十七）所谓"辽境"民灾，"辽境"自然指辽西京道和南京道。笔者考，辽西京道，含今内蒙南部，山西北部和东部。辽南京道，包括今北京地区以及唐山、昌黎和天津等地。所以，据此分析，此次地震的影响范围远远超过了正定和应州，即达到内蒙南部，山西中部、北部、东部，河北中部、北部，包括整个北京地区以及唐山、天津等地。

*1057*年
北京大地震

——兼评"河北固安"说和"河北容城以北、霸县至定兴一带"说

据宋朝史学家李焘编的《续资治通鉴长编》卷一八五载：宋嘉祐二年（1057），"四月丙寅（5月26日），雄州言：北界幽州地大震，大坏城郭，覆压者数万人。"〔（宋）李焘：《续资治通鉴长编》卷一八五，光绪七年浙江书局刻本，第5页〕《宋会要辑稿》瑞异三之三四亦载："嘉祐二年三月三日（4月9日），雄霸等州并言：二月十七日（3月24日）夜地震。至四月二十一日雄州又言：幽州地大震，大坏城郭，覆死者数万人。诏河北备御之。是岁，河北数地震，朝迁遣使安抚。"（徐松辑：《宋会要辑稿》，第三册，《瑞异》）这次地震发生在今天的哪里？震中位置和震中烈度如何？学术界有不同的看法，有人认为此次地震发生在河北省固安县，有人认为发生在河北省容城以北、霸县至定兴一带，还有的人认为发生在北京附近。

一、1057 年幽州大地震发生在河北固安吗

宋嘉祐二年（1057）四月二十日丙寅，幽州发生了强烈地震，造成了

严重的破坏和大量的伤亡。据 1971 年科学出版社出版李善邦主编的《中国地震目录》载：此次地震发生在今河北省固安县，烈度为 9 度，震级为 $6\frac{3}{4}$ 级。地震情况："幽州（今北京市），大坏城郭，北京宣武门外大悯忠寺（今法源寺）杰阁遭摧毁。压死数万人。"又注云："震中不确。原定在北京西南近郊……现在位置当在幽州，但幽州辖境很大，震中不易确定。"但《中国地震目录》又谓这次地震的震中位置即河北固安。这就是人们所称的"1057 年河北固安地震"。

首先，我们对固安县志进行了一番通查，在查到的从明嘉靖到民国的六种县志中，均没有关于宋嘉祐二年（1057）地震的记载，说明"1057 年河北固安地震"是没有史料根据的。如果震中在固安，那么，在《固安县志》中是不应当漏记的。我们有理由说，这不是漏记的问题，而是 1057 年固安没有发生地震的问题。

其次，从固安的历史地理沿革看，它属涿州管辖。据《辽史·地理志》载，南京析津府统州六：顺州、檀州、涿州、易州、蓟州、景州。涿州统县四：固安县、范阳县、新城县、归义县。《河北通志》沿革表载："固安在唐中叶以后改属涿州，其以前是幽州所属，至宋辽时也是涿州属。"如果 1057 年地震发生在固安，距固安很近的宋代雄州官吏绝不会奏报"幽州地大震"，而应该奏说"涿州地大震"。反之，"幽州地大震"，不能说是涿州"固安地大震"。

最后，持"河北固安说"者指出，"现在的位置（河北固安）参考了《宋史·五行志》。'嘉祐二年二月十七日雄、霸二州地震，四月河北数震'，及《乾隆任丘县志》和《雄县民国新志》均有'嘉祐二年四月，地大震，坏城郭，复压死者数百人'的记载改定的"。以上的史料，只能证明是雄州、霸州、任丘等县在 1057 年有地震，根本不能证明固安有地震，更没有根据说地震震中在"河北固安"。

二、1057年幽州地大震发生在河北"容城以北、霸县至定兴一带"吗

由谢毓寿、蔡美彪主编的《中国地震历史资料汇编》第一卷载：

宋仁宗嘉祐二年四月丙寅（二十日）

（1057年5月26日）

幽州（治蓟城，今北京市旧城西南）

（嘉祐二年四月）丙寅，雄州言：北界幽州地大震。大坏城郭，覆压死者数万人。

（宋）李焘《续资治通鉴长编》卷一八五又载：

"四月二十一日，雄州又言幽州地大震，大坏城郭，覆死者数万人，诏河北备御之。是岁，河北数地震，朝迁遣使安抚。"

（清）徐松《宋会要辑稿》第三册《瑞异》，在记述了此次地震的以上两条史料后，主编"注"云：复旦大学历史地理研究室王仁康同志认为：此次地震当发生在宋雄州北部与辽管辖的旧幽州交界处，即今河北容城以北、霸县至定兴一带。[详见《复旦学报》（社会科学版）1980年第2期载《宋嘉祐二年"雄州北界幽州地大震"考释》]

我们拜读了《宋嘉祐二年"雄州北界幽州地大震"考释》（以下简称《考释》）。《考释》否定了"河北固安"说，也否定了"北京附近"说，指出："要弄清这次古地震的发生位置，关键在于'雄州北界幽州地大震'的幽州，指什么地方。是指当时辽的都城南京（今北京城西南），还是指幽州与雄州北界相交的一段地区。"接着，该文明确指出："从《续资治通鉴长编》的行文来看，当指后者。"也就是本文作者在《考释》一文作出的结论："故'雄州北界幽州地大震'的地理位置，当在今容城以北、霸县至

定兴县一带。"《续资治通鉴长编》卷一八五载：宋嘉祐二年"四月丙寅，雄州言：北界幽州地大震。大坏城郭，覆压死者数万人"。这是原文，明明白白地说是"北界幽州地大震"，没有一个字、没有一句话说"容城以北、霸县至定兴县一带地大震"。我们实在无法理解《考释》一文作者从《续资治通鉴长编》的行文，得出的此次地震的地理位置在"容城以北、霸县至定兴县一带"的结论。

从当时的政治地理形势看，北宋和辽双方是以白沟为界，维持着南北对峙的局面。白沟以北是后晋石敬瑭于会同元年（938）割让给契丹的"燕云十六州"之一的幽州。在割让幽州的第二年，辽太宗耶律德光就改幽州为南京（又称燕京），作为南侵的重要据点。白沟以南，是北宋的雄州和霸州。开泰元年（1012），辽又改南京为析津府。正如《考释》一文所说的，"《续资治通鉴长编》所载的'幽州'，应是辽未得幽州之前的旧称"，1057年大地震时，当时宋人还是习惯地承袭了自唐以来把雄州北面的燕京，称为"幽州"。这一点，可以从北京地区出土的大量唐朝墓志中，记载墓葬位置得到证明。

1956年在永定门外安乐林出土的唐建中二年（781）棣州司法姚子昂墓志中载："葬于幽州城东南六里燕台乡。"

1957年在东单御河桥出土的唐元和三年（808）西河任紫宸墓志中载："宅兆于幽州城东北原七里余。"同年，还是在东单御河桥出土的唐元和八年（813）黎阳桑氏夫人墓志："葬于幽州城东北五里燕夏口海王村。"

从以上墓志所载的埋藏地名看，在唐代，人们把幽州的治所蓟城通称为"幽州"。辽代的燕京城就是据唐代的幽州城改建的，尽管契丹统治者占据幽州后，想作为向南侵略的基地，改幽州为南京，又称燕京，但人们还是沿用旧的通称"幽州"。这在北宋派往辽燕京的使臣王曾在其撰写的《王沂公行程录》中得到明证。他写道："自雄州白沟驿渡河，四十里至新城县，古督亢亭之地；又七十里至涿州；北渡范水、刘李河，六十里至良乡县；渡卢沟河，六十里至幽州，号燕京。"我们十分明确地看出，在当时宋朝人的眼里，幽州即燕京，他们仍然习惯地把幽州作为燕京的代名词。北宋使臣渡过卢沟河之后，来到了幽州，详细地描述了幽州（即燕京）城的情况："子城就罗郭西南为之。正南曰启夏门，前有元和殿。东门曰宣和。城中坊市皆有楼。有悯忠寺，本唐太宗为征辽阵亡战士所造。又有开泰寺，魏王耶律汉宁造，皆邀朝士游观。城南门外有于越廨，为宴集之所。门外永平馆，旧名竭石馆，请和后易之。南郡桑乾河。"宋嘉祐二年（1057），北宋在雄州的地方官吏奏报"幽州地大震"，也就是辽南京地大震。关于这一点，《辽史》也清楚地记载下来。《辽史》道宗本记载："（清宁三年，即 1057 年）秋七月甲申（8 月 12 日）南京地震，赦其境内。"[（元）脱脱等撰《辽史》道宗本纪一，中华书局点校本 1974 年版，第 255 页] 确实说明辽代的统治者并不避讳地震灾异而不予记载。因此，我们认为，1057 年幽州地大震，就是辽南京地大震，也就是发生在今北京市旧城西南的一次大地震。

三、1057 年"幽州地大震"就是北京大地震

北京历来是地震频繁的地区，以明代顺天府所辖范围考察，据古文献记载，该地区有地震记录始于晋惠帝元康四年二月（294 年 8 月），到元朝末年，共 37 次，明代共 105 次，清代共 37 次，民国以来 8 次（新中国成立以来四十七年多次地震未计在内）。"从西晋到民国，共记地震 187 次（不完全统计），平均每八年地震一次。其中六级以上大地震有如下 8 次：1057 年 5 月 26 日幽州大地震（约 7—7.75 级），1337 年 9 月 8 日北京、延庆大地震（6.5 级），1484 年 1 月 29 日北京居庸关大地震（6.8 级），1536 年 10 月 22 日北京通县大地震（6.5 级）；1665 年 4 月 16 日北京通县大地震（6.5 级）；1679 年 9 月 2 日平谷、北京、三河大地震（8 级），1720 年

7月12日沙河、北京大地震（6.8级），1730年9月30日北京西北大地震（6.5级）。这8次地震，北京曾压死成千上万人，倒塌房屋万间以上。"这是本人同李少一先生1980年为北京史研究会首届年会提供论文的一段，（李少一、贺树德合撰：《论〈王恭厂灾〉》，载《北京史苑》第二辑，北京出版社1985年6月第一版，第29—30页）这里就把1057年5月26日幽州大地震定为北京地区的一次大地震，而且是北京有文字记载以来8次大地震的第一次。

地震作为一种地壳运动的现象，也同其他一切事物一样，有其孕育、渐变、突变到衰退的过程，所以研究地震必须研究其全过程。宋嘉祐二年"雄州北界幽州地大震"，围绕幽州及其周围地区，也是一次有其地震前兆、前震、主震和余震四个阶段组成的强烈地震过程。在宋嘉祐二年（1057）的前几个月，即宋嘉祐元年六月（辽道宗清宁二年六月），顺天府大雨，山洪暴涨，浑河（即永定河）河水上溢，在顺天府所辖的"东安县浑河决刘家庄堤"，（《光绪顺天府志》故事志五，祥异）这就是1057年幽州地大震的前兆。当然，大地震的前兆不仅是气候异常、阴雨连绵，或暴雨成灾、河湖决堤，还有动物异常等其他征兆，只是古人没有将其他方面的前兆全面记载下来。我们认为浑河（永定河）决堤，足以说明北京地区（当时的幽州）是暴雨成灾，河水泛滥，是典型的地震前的气候异常现象。

我们从所得的史料看，有充足的理由说明宋嘉祐二年（1057）幽州大地震，还是一次有前震、主震和余震的完整的大地震全过程。

甲、前震

地震是地壳内部长期积存的能量的释放过程。既然是一个过程，如果说主震是地震能量的大释放，那么在大震前，必然也有小释放，地震学称为前震。幽州在宋嘉祐二年四月丙寅（1057年5月26日）的前两个月，在《宋史》及北京地方志上，没有发现地震的记载。但在毗邻幽州的一些县里，留下了许多地震记录。如宋嘉祐二年二月十七日（1057年3月24

10

日），紧临幽州的雄州、霸州发生地震。《宋会要辑稿》载："（嘉祐二年）三月三日（4月9日），雄、霸等州并言：二月十七日夜地震。"[（清）徐松辑：《宋会要辑稿》第52册，瑞异三之三四，民国二十五年影印本，第1页]《宋史》仁宗本纪亦载："（宋嘉祐二年二月）是月，雄、霸州地震。三月戊寅（初二），振河北被灾民……夏四月丁未（初一），以河北地数震，遣使安抚。"[（元）脱脱等撰：《宋史》卷一二，仁宗本纪四，中华书局点校本1976年版，第241页]雄州（今雄县）、霸州（今霸县）地震，就应视为1057年幽州大地震的较强前震。

　　乙、主震

　　这次幽州大地震（即北京大地震）的主震是发生在宋嘉祐二年四月丙寅，即1057年5月26日，有如下史典足以证明：

　　《续资治通鉴长编》卷一八五载："（嘉祐二年）四月丙寅，雄州言：北界幽州地大震，大坏城郭，覆压死者数万人。"[（宋）李焘：《续资治通鉴长编》卷一八五，光绪七年浙江书局刻本，第5页]

　　《宋会要辑稿》载："（嘉祐二年）四月二十一日，雄州又言：幽州地大震，覆死者数万人，诏河北备御之。是岁，河北数地震，朝迁遣使安抚。"[（清）徐松辑：《宋会要辑稿》，第三册，《瑞异》]

　　《宋史·仁宗本纪》载："（嘉祐二年四月）丙寅，幽州地大震，坏城郭，覆压死者数万人。"[（元）脱脱等撰：《元史》，仁宗本纪四，中华书局点校本1976年版，第241页]

　　《宋史·五行志》亦载："（嘉祐）二年，雄州北界幽州地大震，坏城郭，覆压者数万人。"[（元）脱脱等撰：《元史》，五行志五，中华书局点校本1976年版，第1484页]

　　根据上述记载，四月二十日丙寅发生了强烈地震。第二天，即四月二十一日，在雄州的北宋官吏，立即向宋朝政府奏报，十分明确地指出，地震发生在北宋管辖的雄州北界之"幽州"。宋仁宗皇帝下诏，让北宋管辖的河北官民做好防震抗震的准备。因为地震虽然发生在幽州，而且形成严重的破坏，正如史籍中所说的"覆压死者数万人"，而且，"大坏城郭"。幽州之南的雄州、霸州，也会受到不同程度破坏。此前有幽州大地震的前兆——二月十七日雄州、霸州地震。所以，是岁河北数次地震，朝廷遣安抚。当时，1057年幽州大地震，破坏情况十分严重，虽然文献上只简略地记载"大坏城郭，覆压死者数万人"，但当时的幽州城（今北京旧城西南）被破坏得到处是残垣断壁、房倒屋塌，一片悲惨景象，压死"数万人"。可以想见，地震使更多的人造成轻重伤，起码也会有数万人受伤。还有一条重要史料说，此次大地震，使北京旧城西南（即今北京宣武门外）大悯忠寺（今法源寺）的两层大阁，毁于四月二十日的大地震。《永乐大典》载："大悯忠寺在旧城，有杰阁，奉白衣观音大像，二石塔对峙于前。按古记考之……（唐）昭宗景福初（892年），节度使李匡威建崇阁七楹三级，中置大悲观音塑像。……辽世宗天禄四年（950年）阁又灾。穆宗应历五年（955年），即故基省为两级。辽道宗清宁二年（三年），摧于地震，诏趣完之。"（《永乐大典》卷四六五引《元一统志》。赵万里辑《元一统志》卷一）可见幽州城当时破坏相当严重。

丙、余震

据《辽史·道宗本纪》载："（辽道宗清宁三年）秋七月甲申（初十日）（即1057年8月12日），南京地震，赦其境内。"[（元）脱脱等撰：《辽史》道宗本纪一，中华书局点校本1974年版，第255页]《光绪顺天府志》载："（辽道宗）清宁三年七月甲申，南京地震。（原按：考异长编载：四月丙寅契丹幽州地震，大坏城郭，覆压死者万人，与《辽史》所载日月前后不同。）"[（清）洪良品纂：《光绪顺天府志》卷六十九，故事志五，祥异]本人认为此次地震，宋辽两国南北间隔，所记日月有参差，可能是四月丙寅大地震之后的一次余震。因为一次大震之后，会出现一系列余震。这种余震，可能在地震大暴发的震中出现，（七月甲申，即8月12日就是在南京幽州震中出现的余震），也有可能在震中以外周围地区出现余震。据《顺义县志》载："（辽）道宗清宁三年地震，赦境内。"［（民国）李芳修：《顺义县志》卷十六，志事记，民国二十年铅印本，第5页］就是震中以外的余震。可见顺义县也有余震。

王仁康同志在《考释》一文最后指出："还须说明一点，目前地震学界有很多同志，都把这次地震与同年8月21日北京地震（即"南京悯忠寺有杰阁摧于地震"）混在一起。""这是两次地震，史书都有明确记载，不仅地点及破坏程度不同，而且时间相距三个月之久。"（《复旦学报》（社会科学版）1980年第2期。王仁康：《宋嘉祐二年"雄州北界幽州地大震"考释》）

首先，王氏说"南京悯忠寺有杰阁摧于地震"是"同年8月21日北京地震"，这是他推算之误，按格里历推算，应是1057年5月26日。

再则，我们认为这就是5月26日的大地震，是同一次地震，地点是一个，都在北京市旧城西南，只是辽称"南京"，北宋称"幽州"而已。至于时间，本来就是1057年5月26日，所谓"相距三个月之久"，那是王氏算术之误了。退一步讲，就是同一次地震，也有主震与余震之间相距三五个月的例子，如1976年7月28日唐山大地震，它的余震一直持续到同年的12月31日，长达5个月之久。（《北京及邻区地震目录汇编》，1978年铅印本，第189—205页）有谁能说它们相距"五个月之久"，而不是一次大震之后的余震呢？

丁、地震范围

这次地震，除北京外，有前文提到的雄州、霸州、顺义县有地震记载，还有新城、定兴、高阳、任丘、保定府、清苑、蠡县、东安县等十几个县有地震记载。

《新城县志》卷二十二，地震篇，灾祸，"辽清宁三年夏四月，地大震。"（民国年本）

《康熙定兴县志》卷一，祥，"宋嘉祐二年（契丹清宁三年）夏四月，地大震。"（康熙二十二年）

《高阳县志》卷六，祥，"宋……嘉祐二年夏四月，地大震。"（雍正八年）

《任丘县志》卷十，五行志，"嘉祐二年夏四月，地大震，坏城郭，压死者数百人。"（乾隆十七年）

《任丘县志》杂述八，祥异，"嘉祐二年，夏四月，地大震，坏城郭，覆压死者数百人。"（万历六年）

《保定府志》卷十五，祥异，"嘉祐二年春二月己酉，雄、霸州地震。夏四月丙寅，幽州地大震，坏城郭，覆压死数万人。"（万历三十五年）

《保定府志》卷二十六，祥异，"仁宗嘉祐二年春二月己酉，雄州地震。夏四月丙寅，幽州地大震，坏城郭，覆压死者万人。"（康熙十九年）

《清苑县志》卷一，灾祥，"嘉祐二年夏四月，地大震，坏城郭，覆压死者数万人。"（康熙十六年）另，同治十二年本《清苑县志》和民国二十二年本《重修清苑县志》均有同上记载。

《蠡县志》卷八，祥，"宋仁宗嘉祐二年夏四月，地大震。"（光绪二年）

《康熙东安县志》卷一，灾祥，"宋嘉祐二年夏四月，地大震，坏城郭，压死者数百人。"（安次县旧志四种合刊，民国二十五年编印本）另，《乾隆东安县志》卷九，灾祥，也有同上记载。说明1057年北京地区大地震的范围是相当广泛的，受地震及地震影响的面积相当广阔。

四、关于1057年北京大地震的震级及震中烈度问题

此次地震的震级及震中烈度问题，也是学术界争议的焦点之一。1971年科学出版社出版的《中国地震目录》载：此次地震的震级为 $6\frac{3}{4}$ 级，震中烈度为9度。（李善邦主编：《中国地震目录》第一、二集合订本，科学出版社1971年版，第12页）1977年北京市地震地质会战办公室编《北京

地区历史地震资料年表长编》铅印本载："震中当在北京附近，震级在七级以上，震中的烈度在十度以上。"（北京市地震地质会战办公室编：《北京地区历史地震资料年表长编》，1977年3月铅印本，第2页）而王仁康同志的《考释》中说："其震级及震中烈度，当在七级，十度以上，是河北历史上的一次大地震。"（《复旦学报》1980年第2期载："王仁康：《宋嘉祐二年"雄州北界幽州地大震"考释》"）我们不同意李善邦所定的震级是 $6\frac{3}{4}$ 级，震中烈度为9度；我们也不同意王仁康同志说成是"河北历史上的一次大地震"，但同意他的震级为7级、烈度为10度以上说法。

关于此次地震的震中烈度的判定问题，主要资料来自两方面，一方面是《宋会要辑稿》、《宋史》、《辽史》和十几种地方志上所载的"地大震，大坏城郭，覆压死者数万人"。另一方面是《元一统志》记载的幽州城内悯忠寺杰阁"摧于地震"。"大坏城郭，覆压死者数万人"本身就简明扼要地记载下那次大地震的巨大破坏和死数万余人的惨状。悯忠寺杰阁的摧毁，太简略，太抽象，但它是此次地震破坏情况最重要的一条史料，因而对悯忠寺杰阁的建筑形制和震后的破坏程度进行考察，是很有必要的。

金世宗大定二十八年（1188）九月，朝议大夫行尚书员外郎上骑都尉周百禄碑文，《元一统志》转载："大悯忠寺在旧城，有杰阁，奉白衣观音大像，二石塔对峙于前。按古记考之……（唐）昭宗景福初，节度使李匡威建崇阁七楹三级，中置大悲观音塑像……辽世宗天禄四年（950），阁又灾。穆宗应历五年（955），即故基省为两级。道宗清宁二（三）年（1057），摧于地震，诏趣完之。咸雍六年（1070），表寺额，始加大寺。大安七年（1091），重修，增峻其阁一级。"金大定二十八年周百禄撰写的碑文指出，崇阁（即观音阁）的具体形制为"七楹三级"。"（唐）昭宗景福初（892），节度使李匡威建崇阁七楹三级。"据此，观音阁初建时的形制为通阔七间三层高阁。

清宁三年（1057）地震前观音阁的形制如何呢？辽世宗天禄四

年（950），阁又灾，毁的情况没有记载下来。五年后，即穆宗应历五年（955），将被灾的观音阁改为两级，即二层。如《元一统志》所说："即故基省为两级。"当然这次"灾"是地震，还是大灾所致，没有明确记载。但不论地震和火灾，重建时"即故基省为两级"，就是在原来的"故基"上重建为二层的悯忠寺，自然还是面阔七楹二级形制。其高度，可能与今天津市所属蓟县独乐寺内现存的辽统和二年重建的观音阁相似。独乐寺观音阁是面五楹，进深四间，外观二层，通高23米。重建的悯忠寺观音阁，高度也是23米左右的二层建筑。

清宁三年（1057）地震后，南京悯忠寺观音阁破坏情况没有具体记录，只有"摧于地震"四字。《元一统志》说："道宗清宁三年，摧于地震，诏趣完之。"又说，"咸雍六年，表寺额，始加大寺。""大安七年重修，增峻其阁一级。"从上述文字看，清宁三年地震后，使幽州城内的大悯忠寺被摧毁，破坏程度肯定相当严重，不是一般的抢修工作所能完成，也不是一般的维修工程所能维护。要完全恢复原貌，需要筹备较多的砖瓦木石等建筑材料，还要组织大批的能工巧匠才能胜任。当时，地震肯定使幽州城内的大批官廨和民居以及商店等倒塌，城郭也破坏严重，急需抢修的还是民居，尤其还是要优先抢救数万名伤者，同时也要急于掩埋数万名死者，工作十分繁重而紧迫。所以，辽朝政府虽然下诏修复悯忠寺，但不能马上动工。一直拖延至咸雍六年（1070），也就是说，从下诏到动工，拖延了十六年才开始"表寺额"，整修寺内的殿宇。三十五年后，到大安七年（1091），才真正动工重修悯忠寺杰阁。

在悯忠寺（今法源寺）内，尚保存着与杰阁有关的两块石刻。一是石碑，在僧廊东壁嵌有"辽大安十年观音地宫舍利函记碑"；另一是石函，函四周刻字。

石碑记载："恭闻应物为现，利乐无穷者大圣观音；……善制肇纠巨社，会万人金玉之资；欲满宿心，塑百尺水月之像。将圆宝相，先实地宫。

化檀那近百千家，获舍利余一万粒。封以金匮，以石函。"（《日下旧闻考》卷六十，城市，北京古籍出版社1981年10月版，第983页）这段文字说明，清宁三年地震后，旧杰阁内所供奉的白衣观音大像已经破坏。大安十年重修悯忠寺，新杰阁落成时，重"塑百尺水月之像"。还在像下开设地下宫，埋藏舍利石函。

所谓石函，就是在观音菩萨阁（即新杰阁）内地下宫埋藏的石函。石函为四方形，四面均刻着文字。一面为二十三行字，一面为二十四行字，另一面也是二十四行字，还有一面只有四行字。"字已半剥蚀"。按《日下旧闻考》载："函四周刻字，首行标题大辽燕京大悯忠寺紫褐师德大众等，次书故燕京管内忏悔师钞主崇禄大夫守司徒慈智大师赐紫沙门觉晟，燕京管内左右街都僧禄崇禄大夫守司徒聪办大师赐紫沙门善制，燕京管内左右街僧禄提点宏法竹林总觉大师赐紫沙门阙道，燕京管内左街僧禄判官宝集讲主觉智大师赐紫沙门文傑，以下骈书诸僧名凡三百七十人，又书故盖阁都作头右承制银青崇禄大夫兼监察御史武骑尉康日永、盖殿宝塔都作头右承制银青崇禄大夫兼监察御史武骑尉姪敏，前阁主法资天水严甫书，太原王维约刻，最后刻布施诸物，有舍利金瓶、银塔、玉钱、珠子、小金刚子数珠等物。石函不记年号，相传为缄舍利用者。其舍利等则不可考矣。"（《日下旧闻考》卷六十，城市，北京古籍出版社1981年10月版，第982—983页）"石函不记年号"，但据有关专家考证，石函"与下碑舍利函记（《辽大安十年观音菩萨地宫舍利函记》）之功德主同名，下碑为大安十年"，则石函当与此同时所制。

引起我们注意的是，该石函题名末尾列职官二人，一是"盖阁都作头右承制银青崇禄大夫兼监察御史武骑尉康日永"，另一是"盖殿宝塔都作头右承制银青崇禄大夫兼监察御史武骑尉姪敏"。考辽代官吏中，没有"盖阁都作头"和"盖殿宝塔都作头"等称谓。可能辽帝决定在大安七年重修悯忠寺时，权益设置官职，尉康日永和尉姪敏分别是"盖阁都作头"和"盖殿宝塔都作头"，说明他们是"盖阁"负责人和"盖殿宝塔"负责人。以"盖阁"、"盖殿宝塔"冠其职官之首，这正反映出清宁三年大震后，悯忠寺内的阁、殿以及宝塔通通遭到破坏，完全摧毁，无法修复，必须重新起盖，重新建置。

　　大悯忠寺内的杰阁、殿、宝塔等建筑物全部摧毁，反映出1057年北京地震的震中烈度。北京地震考古组的专家对康熙十八年（1679年9月2日）北京、三河、平谷大地震后，蓟县辽代的独乐寺"不圮"与1057年幽州大地震大悯忠寺的"摧毁"，做了一个绝妙的比较，很能说明问题。康熙十八年（1679）七月二十八日庚申（9月2日）北京、三河、平谷大地震，属8级大震，是北京历史上最强烈的一次大地震。北京地震考古组的专家认为：蓟县属于重破坏区，城垣、官署均遭破坏，民房倒塌无数，地裂深沟，缝涌黑水，压死人畜甚多。然而独乐寺安然无恙，据《光绪顺天府志》引《居易录》说："己未地震，官廨民舍无一存，阁独不圮。"独乐寺重建于辽统和二年（984年），到康熙十八年大地震已有六七百年的历史了，在8级地震中未倒，而大悯忠寺杰阁与它的形制相似，自建成至幽州大地震只有一百多年的历史就被震"摧"了。两相比较，笔者同意北京地震考古组的意见，1057年幽州大地震的震中烈度在10度，（《北京地震考古》，文物出版社1984年10月第1版，第125页）震级至少在7级以上。

*1068*年*8*月
京东南河北沧州和河间大地震

　　宋神宗熙宁元年七月甲申（1068 年 8 月 14 日），河北沧州、河间一
带发生大地震。当时总的震情是：河北路霖雨地大震，楼橹民居多摧，庐
舍倒塌，地裂，大水涌溢百川，官民压死甚重。笔者考：宋河北路，治大
名府，在今河北大名东北。辖今河北省大部及河南、山东两省黄河北岸部
分地区。当时任宋英宗实录检讨官的曾巩，在其大著《元丰类稿》卷十八
《瀛洲兴造记》载："熙宁元年七月甲申，河北地大震，坏城郭屋室，瀛洲
为甚。是日，再震。"〔（宋）曾巩：《元丰类稿》卷十八《瀛洲兴造记》，明
隆庆五年南丰邵康校刻本，第 16—17 页〕经考证，宋代的瀛洲，治河间，
即今河北省河间县。说明此次河北大地震，而河间更惨重，大震同日多
次发生。在赵愚汝撰《宋名臣奏议》载："以今月甲申（八月十四日）至
辛卯（二十一日），京师（今开封市）连日地震者五……河北诸郡，大河
决溃，地复震裂，庐舍摧塌，人民压溺，几以万数。其余百川涌溢，天下
被水患者十有五六，殊可骇愕。"并且感叹地评论："虽春秋所记灾异，未
有若此之甚者。"〔（宋）赵愚汝：《宋名臣奏议》卷四：钱觊《上神宗论地
震》〕《宋史·五行志》记载此次大地震范围更广，说南至山东东平和东阿

二县。"（宋神宗熙宁元年八月）是月，须城（今山东东平）、东阿（今山东东阿南）二县地震终日，沧州清池，莫州亦震，坏官私庐舍、城壁。是时，河北复大震，或数刻不止，有声如雷，楼橹、民居多摧覆，压死者甚众。"[（元）脱脱等撰：《宋史》，五行志，中华书局点校本1976年版，第1485页]

关于此次大地震的震中位置和烈度、震级等问题，根据地表上的建筑物破坏倒塌情况看，沧州、河间一带最为严重，坏城郭，坏官私庐舍，倒城壁，塌仓庾，毁屋室。所以，河间、沧州一带为震中，具体推定在北纬38.5°，东经116.1°的位置。也是根据破坏程度，认为烈度为8度，震级在6级左右。

关于此次大地震的波及范围问题，北至玉田约200公里，坏净业寺舍利塔，南至山东东平和东阿，最远记录达430公里，甚至到河南开封亦震。地震大水灾，百川涌流。一日数次震，半年犹未止。死人甚众，史载达"几以万数"。[（宋）赵愚汝：《宋名臣奏议》卷四：《上神宗论地震》]

关于此次大地震，在正史、地方志以及其他典籍中，如下地方亦有地震记载：

北京：时称辽南京（析津府，今北京市旧城西南）辽道宗咸雍四年七月（1068年8月），"是月，南京霖雨，地震"。[（元）脱脱等撰：《辽史》卷二百二十一，明万历三十一年松江府刻本，第14页]

深县：宋时称深州（治静安，今河北深县南）。史载："窦卞字彦法，曹州冤句人。……出知深州，熙宁初，河决滹沱，水及郡城，地大震。流民自恩、冀来，踵相接，（窦）卞发常年粟食之。"[（元）脱脱等撰：《宋史》卷三百三十，窦卞传，中华书局点校本1976年版，第10624页]

顺义：（辽道宗咸雍）"四年霖雨，地震。"[（民国）李芳修：《顺义县志》卷十六，杂事记，民国二十年铅印本，第6页]

定州（治今定县）："孙长卿字次公，扬州人。……知定州。熙宁元年，河北地大震，城郭仓庾皆，长卿尽力缮补。神宗知其能，转兵部侍郎，留再任。"［（元）脱脱等撰：《宋史》卷三百三十一，孙长卿传，中华书局点校本 1976 年版，第 10641—10642 页］

望都（治今河北望都）："熙宁元年七月，连旬大雨，水深三丈，地震屡月不息。"［（清）李培祐：《保定府志》卷三十七，光绪十二年刻本］

玉田：（今河北玉田县）"净业寺，自统和元年肇建，至十三年，有游方僧至，所获无垢净光佛舍利一百粒，因建窣堵坡藏之。洎咸雍间（1065—1074 年）为地震所坏。及二十余载，未遂修复。"（乾隆：《玉田县志》，袁孝卿：《净业寺佛舍利塔铭并序》，见下图）

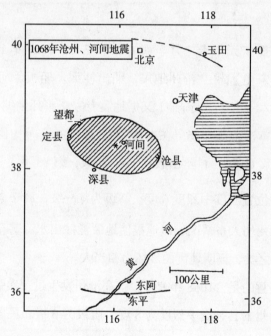

1068 年沧州、河间大地震示意图

1069年
京东沧州地震

宋神宗熙宁元年十二月辛酉（二十三日，1069年1月18日），沧州地震。据《宋史》载："沧州地震，涌出沙泥、船板、胡桃、螺蚌之属。"（《宋史》卷六十七《五行志》）又据地震专家李善邦主编《中国地震目录》第二集载：本次地震"震中在本县"（李善邦主编：《中国地震目录》第二集《分县地震目录》，科学出版社1960年版，第88页），即北纬38.3°，东经116.8°的位置。震中烈度6度，震级为$4\frac{3}{4}$级，属于大地震。虽然在文献上没有载死伤人畜情况，但地震使地裂涌沙出水，甚至涌出河流沿岸的船板、螺蚌之类，证明地震的破坏力相当大。

值得注意的是，1068年8月，就在沧州发生过一次强烈地震，震中位置仍然在沧州本县，震中烈度为8度，震级为6级。民居多摧，压死官民甚众。1069年1月又发生一次大地震，震中烈度为6度，震级为$4\frac{3}{4}$级，这在沧州历史上是不多见的，足见沧州是华北地震带上地震频发区之一，这必须引起历史学家和历史地震学家的高度重视，也应该引起地震学家的高度重视。

*1076*年12月
北京地震

　　元代著名大学者脱脱等撰《辽史·道宗本纪》载：辽道宗太康二年十一月，即 1076 年 12 月，"是月，南京地震，民舍多坏"。[（元）脱脱等撰：《辽史》，道宗本纪三，中华书局点校本 1974 年版，第 278 页]这里的辽代"南京"，即析津府，就是今北京市旧城西南。所以"南京地震"，就是今北京地区地震。同样的记载还出现在以下两部典籍中：一是明代王圻撰：《续文献通考》卷二百二十一，明万历三十一年松江府刻本，第 14 页。二是清代周家楣、缪荃孙辑：《光绪顺天府志》卷六十九，即第七册，北京古籍出版社 1987 年 12 月版，第 2420 页。以上三部权威性典籍都记载"南京地震，民舍多坏"，足以证明这次地震必定发生而无疑。

　　关于此次地震的破坏情况，记载极为简略，仅留下"民舍多坏"四个字。按我们的分析，当时北京的"民舍多坏"，至少 60% 以上的房屋倒塌或损坏，不然不能说"多坏"，可见"多坏"二字的分量，说明灾情的严重情况，基于震灾的严重程度，又按有关测定地震烈度和震级的规定，此次地震烈度为 6 度，震级为 5 级。当然属于破坏性的大地震。

关于此次地震的震中位置，就在今北京旧城西南一带，按经纬度而言，约在北纬 39.9°，东经 116.4° 的位置。

*1322*年 12 月 18 日
河北宣化地震

　　"元英宗至治二年十一月癸卯（初十日），地震。……宣德府宣德县地屡震，赈被灾者粮钞。"此条重要地震史料见明代著名史学家宋濂等撰《元史·英宗本纪》和《元史·五行志》。[（明）宋濂等撰：《元史·英宗本纪》，第 625 页。又见《元史·五行志》，中华书局点校本 1976 年版，第 1084 页]

　　笔者按： "元英宗至治二年十一月癸卯"，即格里历（阳历）1322 年 12 月 18 日。

　　又按： 所谓"宣德府宣德县"，即今河北省宣化县。在元代，宣德府治宣德。所以，宣德地震，就是河北宣化地震。

　　笔者又检： 《蒙兀儿史记》亦载："（至治二年十一月）癸卯，宣德地震"。（屠寄：《蒙兀儿史记》卷十二，《硕德八剌可汗纪》）足以佐证此日宣化是发生了地震。

　　河北宣化，距延庆仅几十公里，离北京市中心也很近。这次宣化"地屡震"，说明地震频繁发生，而且给当地人民造成一定的损失，虽然史书上未见到具体死伤人数和房屋倒塌的具体惨景，但《元史·英宗本纪》和

《五行志》均载："赈被灾者粮钞"[(明)宋濂等撰:《元史·英宗本纪》,第625页。又见《元史·五行志》,中华书局点校本1976年版,第1084页],印证当地被灾者无粮食,生活遇到了不少困难,亦证明元政府还是下令赈济灾民的。从侧面窥测到此次地震较强烈,而且惊动了元朝政府。

按灾情分析,此次地震震级在4—5级,震中烈度6度。震中在宣化县,北纬40.6°,东经115.0°。

*1337*年 9 月
北京·怀来大地震

　　1337 年 9 月 8 日至 14 日，北京、怀来、顺义、延庆、宣化地区发生强烈大地震。据《元史》载：元顺帝至元"三年八月辛巳（1337 年 9 月 8 日）夜，京师地震。壬午（十五日，即公历 9 月 9 日）又大震，损太庙神主；西湖寺神御殿壁（仆），祭器皆坏。顺州、龙庆州及怀来县皆以辛巳夜地震，坏官民房舍，伤人及畜牧。宣德府亦如此，遂改为顺宁云"。（［明］宋濂等撰：《元史·五行志》，中华书局点校本 1976 年版，第 1112 页；参见《元史·地理志》；又见［明］王圻：《续文献通考》卷二百二十一，明万历三十一年松江府刻本，第 18 页）

　　笔者按：元朝京师，即元大都，今北京市。顺州，治今北京市顺义区。龙庆州，即今北京市延庆县。怀来，即今河北怀来县。宣德府，即今河北宣化县。太庙，在元大都齐化门之北，即今朝阳门内路北、北小街以东地方，建于元世祖至元十四年，英宗至治三年重建。西湖寺在今海淀区玉泉山之东功德寺附近。

　　关于此次大地震最早的文字记载，见于元朝当代人宋褧著《燕石集》：（至元三年）"八月十四日夜，京师地震，自夜达旦，连日不定，太庙前殿一室墙圮，神灵震惊，其余官廨民间有毁塌。盖京师天子所居，宗庙社稷所在，是以民心皇皇，上下忧恐。"［（元）宋褧：《燕石集》卷一三《杂著灾异封事（至元三年丁丑）》，清抄本，藏北京图书馆］宋褧，字显夫，进士出身，时任元朝翰林直学士亚中大夫知制诰同修国史兼经延官，上文是他任元朝当朝官员记录的震情，准确无疑。此年他拜监察御史，时灾异并臻，公进言："列圣临御，治安百年，皇上继统，未闻过举，今一岁之内，日月薄蚀，星文乖象。正月元日千步廊火，六月河朔大水，泛滥城郭；八月京师地震，毁落宗庙殿壁，震惊神灵。岂朝政未修，民瘼未愈所致然欤？宜集大臣讲求弭灾之道，务施实惠，勿尚虚文，庶可上答天谴，下遂民生……"［（元）苏天爵：《滋溪文稿》卷一三，《元故翰林直学士赠国子祭酒范阳郡侯谥文清宋公墓志铭并序》］"八月京师地震，毁落宗庙殿壁"又一次提到此次大地震及其破损情况。

《元史》还载："至元三年八月壬午（十五日）京师又大震，损太庙神主；西湖寺神御殿壁仆，祭器皆坏。"［（明）宋濂等撰：《元史·五行志》，中华书局点校本1976年版，第1112页］《元史·顺帝本纪》又载："八月壬午，京师地大震，太庙梁柱裂，各室墙壁皆坏，压损仪物，文宗神主及御床皆碎"；又一次提及"西湖寺神御殿壁仆，压损祭器"。［（明）宋濂等撰：《元史·顺帝本纪》，中华书局点校本1976年版，第841页］十五日大地震破坏情况比十四日更严重，震级更强烈，疑十五日大地震是此次大地震之主震。

此次大地震一直持续到9月14日，《元史·顺帝本纪》载："至元三年八月……自是累（屡）震，至丁亥方止，所损人民甚众。"［（明）宋濂等撰：《元史·顺帝本纪》，中华书局点校本1976年版，第841页］八月丁亥，即旧历八月二十日，公历9月14日。

笔者认为，本次大地震是由前震、主震、余震组成的完整的大地震过程。八月辛巳（旧历八月十四日，公历9月8日）夜为前震。八月壬午（旧历八月十五日，公历9月9日）为主震，破坏情况最严重，影响范围亦最广。自壬午以后至丁亥（旧历八月二十日，公历9月14日）为余震。

本次大地震的基本震情是坏官民庐舍，伤及人畜。自9月8日震，至9月14日方止，前后共七天，屡震频繁。主要发生在怀来、延庆、宣化、顺义和北京一带。震中位置，李善邦认为在怀来附近，烈度为8度。（李善邦主编：《中国地震目录》第二集《分县地震目录》，科学出版社1960年版，第50页）破坏面的范围，西北自宣德（今河北宣化县），东南至大都（今北京）。呈西北东南走向，长约160公里。至怀来40公里的鸡鸣山巅之永宁寺，被此次地震震塌。[（清）陈坦纂修：《宣化县志》卷二八：欧阳玄《永宁寺记》，康熙五十年刻本。又见吴廷华纂《宣化府志》卷一三。乾隆八年刻本] 至北京约70公里"太庙梁柱裂，各室墙壁皆坏，压损仪物，文宗神主及御床尽碎；西湖寺神御殿壁倾"。[（清）洪良品撰、缪荃孙辑：《光绪顺天府志》卷六十九，故事志五，祥异，第11页] 北京损失惨重，而且震惊皇室，所以元顺帝于"四年春正月丙申朔，以地震，赦天下"。（宋濂：《元史·顺帝本纪》）据此，笔者认为，烈度为8度，震级当在 $6\frac{1}{2}$ —7级之间（见下图）。特别是笔者搜寻到此年八月壬午京师大地

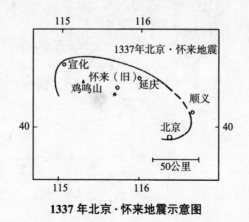

1337年北京·怀来地震示意图

注：摘自国家地震局地球物理研究所编《北京及邻区地震目录汇编》，第3页。

又注：原图"鹤鸣山"误，应为"鸡鸣山"。

震。"御河、沁河、浑河皆溢，没人畜田庐不可胜计。"[（清）洪良品纂、缪荃孙辑：《光绪顺天府志》卷六十九，故事志五，祥异，第11页]进一步坚定此次大地震震级至少在7级左右。

　　笔者认为，延庆县烈度为7度。顺义县（今北京顺义区）烈度为6—7度。北京烈度在6度以上。

1338年8月
河北涿鹿地震

1338年8月2日，河北涿鹿发生地震。据《元史·五行志》载：（至元四年）"七月己酉，保安州地大震。"[（明）宋濂等撰：《元史·五行志》，中华书局点校本1976年版，第1112页]

又据《元史·顺帝本纪》载："至元四年七月己酉，奉圣州地大震，损坏人民庐舍。"[（明）宋濂等撰：《元史·顺帝本纪》，中华书局点校本1976年版，第845页]

笔者按："至元四年七月己酉"，系旧历，换算成公历为1338年8月2日。

笔者考：元代"保安州"时称"奉圣州"，八月癸未方改名"保安州"，即今河北涿鹿，当时治永兴。

又考：按"地大震"和"损坏人民庐舍"，本次地震烈度为6度，震级为5级。具体的震中位置在北纬40°4′，东经115°2′。对北京会造成一定的震感，但不会有破坏性震情。国家地震局地球物理研究所编《北京及邻区地震目录汇编》认为此次地震"疑为1337年的余震"（国家地震局地球物理研究所：《北京及邻区地震目录汇编》，1978年北京市地质会战办公室编印本，第3页），但未举出一条证据，所以笔者认为这种"疑"是毫无根据的，因而亦是不能成立的。1337 年 9 月怀来大地震，1938 年 8 月涿鹿大地震，时间间隔近一年，又是不同地点，所以是两次不同的大地震，绝无混淆的必要。

*1484*年
北京·居庸关地震

　　明宪宗成化二十年庚寅（初二），即 1484 年 1 月 29 日，在北京地区及其当时的永平府、宣府、大同、密云、古北口、居庸关以及辽东地区，发生了一次较强的地震。据明朝《成化实录》载："（成化二十年正月）庚寅，京师地震。是日，永平等府及宣府，大同，辽东地皆震，有声如雷。宣府因而地裂涌沙出水，天寿山、密云、古北口、居庸关一带城垣，墩台，驿堡倒裂者不可胜计，人有压死者。"（《成化实录》卷二四八，第 1 页）《明史·五行志》亦载："（成化）二十年正月庚寅，京师及永平、宣府、辽东皆震。宣府地裂，涌沙出水。天寿山、密云、古北口、居庸关城垣墩堡多摧，人有压死者。"（《明史·五行志》，中华书局点校本，第 496 页）此条史料在王鸿绪撰写的《明史稿·志》中也有记载。[（清）王鸿绪：《明史稿》志，卷六，清敬慎堂刊本，第 18 页] 另外，精于明朝典故、对明史极有研究的明末学者谈迁在其力作《国榷》中载道："（成化二十年正月）庚寅京师地震，东尽辽东，西至宣大，地皆震，声如雷。宣府地裂涌水。天寿山、密云、古北口、居庸关等城堡墩驿多溃裂，压死人。"[（明）谈迁：《国榷》卷四十，第 2487 页] 可见，这次地震在以上诸多权威文献中均有记载，确存无疑。

这次地震对居庸关的楼橹墩台造成的倾圮不小，引起明朝皇帝宪宗的重视，并命京营军士几千人去修理。据《成化实录》卷二四九载："二月甲戌（3月13日），上命摘拨京营军士两千人修理居庸关楼橹墩台，以地震倾地故也。"（《成化实录》卷二四九，第6页，苏本第7页）

这次地震表明对明朝先帝的陵寝也有破坏。朝廷命令修茸。"二月丙辰（4月24日），命工部右侍郎贾俊，右军署都督佥事李泉督修天寿山四陵，以地震有损也。"（《成化实录》卷二五〇，第7页，苏本第9页）

对于这次地震，笔者翻阅了《明实录》，检索了正史——《明史》所有有关记载，查阅了八十余种地方志以及十多种野史、杂记。亲自踏勘了居庸关、古北口等处的长城关口，对明朝十三陵中的长陵、献陵、景陵和裕陵所遭到此次地震的破坏情况，做了一些初步的比较研究，现提出如下看法。

第一，这次地震的震中位置，应在北京居庸关一带。本人同意李善邦同志把此次地震的震中拟定在居庸关以北，即北纬40°4′，东经116°1′。震中位置往往破坏程度大，以上文献多处提到居庸关一带城垣墩台驿堡溃裂、多摧，人有压死者。据此，这次地震应称为"北京居庸关地震"。北京市地震地质会战办公室认为是"1484年宣化地震"，似误。

第二，这次地震的震级到底是多少。有人主张"6.5级"（《北京地震考古》第134页载："震级似不应过高，可能在6.5级左右。"北京市文物工作队编，1984年10月版），有人主张6.8级（李善邦主编:《中国地震目录》），还有人主张为6.75级（$6\frac{3}{4}$级）（《北京市地震地质会战研究成果汇编》，第3页），我们进行反复比较和研究，认为李善邦同志的意思较妥，定为6.8级。

第三，这次地震的烈度问题，定为8—9度。这是根据《中国地震目录》（第二集）有关地表烈度补充规定推定的，补充规定第3条："地震坏城郭，庐舍，压杀人畜多，有时兼有地裂涌水现象的，一般作Ⅷ度考虑。"第4条："地震，城郭、屋室、廨宇、寺庙多倾毁，压杀人畜无算，地开裂涌泉水的，一般作Ⅸ度考虑。"而1484年北京居庸关地震，天寿山（明陵四座）倾圮，密云、古北口、居庸关城垣，墩台，驿堡倒裂者不可胜计。坏庐舍，人有压死者。宣府（宣化）地裂涌沙出水。确系8—9度之间为宜。

第四，这次地震的范围问题。文献记载："京师地震。是日，永平等府及宣府、大同、辽东地皆震，有声如雷。"（《成化实录》卷二四八，第1页）又据查继佐的《罪惟录》载："二十年甲辰正月，京师地震，东尽辽东，西迄宣大。宣府地裂。"［（明）查继佐：《罪惟录》志，卷三，四部丛刊三编本，第11页］京师地震及北京地震。当时的永平府辖卢龙（府治所在地）、迁安、抚宁、昌黎四县和滦州以及州属县乐亭。东界直达山海关，甚至远达山海关以东辽阳一带，故"辽东"就在山海关以东。西界在山西大同。南界在河北文安。如明朝唐绍尧修《文安县志》卷八载："（成化）二十年春正月，地震，畿内旱。"［（明）唐绍尧：《文安县志》卷八，崇祯四年刊本；又见清康熙十二年刊本，康熙四十二年刊本］由此可见，此次地震波及的范围很大。可能是东西长、南北较窄的一个椭圆形地带，破坏面纵长约150公里，最远记录约200公里。

第五，这次地震的影响问题。这次北京居庸关地震，对于京城一带只是有感，因为查阅了八十多种古籍，方志、野史、正史、杂记、实录没有一条有建筑物破坏和人畜伤亡的记载。另外，从明代成化年间北京寺庙的修葺情况也可以证明这一点。北京考古专家研究表明："在有记载的一百六十余座成化年前建造的寺庙中，成化年间只有六座寺庙曾被重修，其中有的是因为'栋宇朽坏'，有的尚不能确定是否是成化二十年后重建的。明宪宗在位二十三年，紧接着继承他的弘治朝，也只重修过两座京城内的庙宇，而且绝无'因地震倾圮'字样，这不会是当时记录者的疏忽和后世的散佚，只能说明这次地震波及到北京，但已不足造成损害。"（《北京地震考古》，第134页）然而，此次地震使"古北口和居庸关的城垣、墩台、驿堡倒裂者不可胜计，人有压死者"，又云："天寿山四陵以地震有损。"如前文所说，引起了皇帝宪宗的重视，并命京营军士两千人修理居庸关楼橹墩台，命贾俊右侍郎等督修皇陵。皇上命文武群臣："地震京师，上天示戒，可谓至矣。"（《成化实录》卷二四八，第1页）而且这条"示戒"是在地震之后的第二天，即成化二十年正月壬辰（初四日）下达的（《成化实录》卷二四八，第1页）进一步证明宪宗皇帝对此次地震的重视和不安（见下图）。不仅如此，宪宗皇帝因京师地震，自己省躬修德。就在此次地震之后的第三天，即成化二十年正月"癸巳（初五日），监察御史徐镛、何琮言："顷者地震京师，皇上省躬修德"。（《成化实录》卷二四八，第1页）"刑部员外郎林俊上疏言，今年以来，祥异迭兴，两京

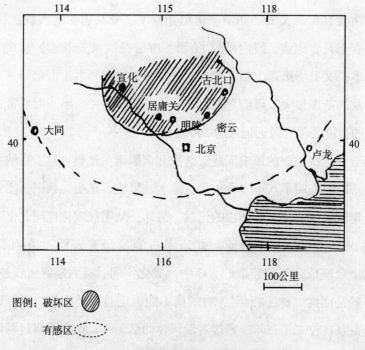

1484年北京居庸关地震示意图

地震，陵寝动摇，日月继蚀，野熊入城，监戒之昭，莫此为甚。"〔（明）陈建:《皇明通纪》卷十二，明刊本，第53—54页〕足见此次地震造成的影响是很大的，震动了朝野，惊恐了皇上和文武群臣。正如明朝南京吏科给事中周纮等言:"今春初旬，自京师至于大同，宣府诸路同日地震。坏城郭，覆庐舍，裂地涌沙，伤人害物，成可谓非常之变异也。"（《成化实录》卷二五一，第6页，苏本第8页）

1485年5月
遵化地震

1485年5月，遵化发生破坏性地震。据《成化实录》载：[明宪宗成化二十一年闰四月癸巳]"顺天蓟州遵化县地震有声，十四、十五日复震，城垣民居有颓仆者。"（《成化实录》卷二六五，第4页）《明史·五行志》亦载：[成化二十一年闰四月]"癸巳，蓟州遵化县地震，有声，越数日复连震，城垣民居有颓仆者。"（《明史·五行志》，中华书局点校本1974年版，第196页）

笔者按：遵化县，明代属顺天府辖，今属河北省。距北京仅一百余公里。

笔者又按：明成化二十一年闰四月癸巳，即公历1485年5月26日。

此次地震的基本震情是：地震有声，连震三日，"城垣民居有颓仆者"。从以上破坏情况分析，震中烈度在6—7度，震级为5级以上。

震中位置当在遵化县城，即北纬40.2°，东经118°。

但是，通过查阅大量典籍，发现新的地震史料，笔者认为此次遵化大地震，是一次有前震、主震和余震的完整的大地震过程。

《成化实录》载：[成化二十一年二月壬申]"夜，顺天府遵化县地再

震，有声如雷。"（《成化实录》卷二六二，第8页）

笔者按：成化二十一年二月壬申（二十日），即公历1485年3月6日。此日，"遵化县地再震"，说明此前还有前震。此次前震竟然出现"有声如雷"。这种情况，《罪惟录》亦有记载："［成化］二十一年乙巳二月，遵化地再震。……有声如雷。"［（明）查继佐：《罪惟录》志，卷三，四部丛刊三编本，第12页］笔者认为，这些地震都是5月26日主震之前震。

又据《成化实录》载：［成化二十一年］"五月壬戌（十三日），万全、永宁卫、龙门守御千户所俱地震有声。……夜，京师地再震。"（《成化实录》卷二六六，第3页）《明史·五行志》亦载：［成化二十一年］"五月壬戌，京师地再震。"（《明史·五行志》，中华书局点校本1974年版，第496页；又见（清）王鸿绪：《明史稿》志，卷六，清敬慎堂刊本，第18页；还见（清）洪良品纂：《光绪顺天府志》卷六十九，故事志五，祥异，第17页）笔者认为，五月壬戌（十三日），阳历为6月24日，系5月26日遵化主震后的余震。不过，这种余震的范围相当广泛，如上文所说，涉及万全、永宁卫（在今延庆县东四十里）、北京、隆庆卫等地。

1511 年
北京·霸县地震

—— 兼驳"河北静海一带地震说"

    1511 年北京、霸县（旧称霸州）等地发生了地震，这是北京历史上比较重要的历史地震之一。20 世纪 70 年代以来，有人提出这次地震是"河北地震"，说地震震中位置在"河北静海一带"（北纬 39.0°，东经 117.0°）（国家地震局地球物理研究所编：《北京及邻区地震目录汇编》，1978 年铅印本，第 4 页）；有人说震中位置不易确定。本文拟将此次地震的震中位置、震级、烈度以及地震破坏范围和影响范围作一探讨，进行比较研究，还其本来的历史面貌。

    这次北京、霸县地震发生在明武宗正德六年十一月戊午（十二日），即 1511 年 12 月 1 日。据《正德实录》载："（正德六年十一月戊午）京师地震、保定、河间二府、蓟州、良乡、房山、固安、东安、宝坻、永清、文安、大城等县及万全、怀来、隆庆等卫同日震，皆有声如雷，动摇居民房屋。惟霸州自是日，至庚申，凡十九次震，居民震惧如之。"（《正德实录》卷八一，第 3 页，苏本第 4 页）范文澜主编的《中国地震资料年表》（上册，1956 年版）除摘录此条外，还摘录《正德实录》的另一条："十一月辛酉（12月4日，注"十一月辛酉"，应是12月3日，12月4日系地震考古组换算之误）以京师地震，令文武百官同加修者。"（《正德实录》卷八一，第4页，苏本第5页）仅此两条而已。查阅地震考古组编《北京地区历史地震资料年表长编》，只在范文澜主编的《中国地震资料年表》的基础上增加了从《明史·五行志》辑录的一条："十一月戊午，京师地震，保定、河间二府及八县三卫，山东武定州同日地震。霸州连三日十九震。"（地震考古组编：《北京地区历史地震资料年表长编》，铅本1977年3月版，第10页）最具权威的李善邦同志主编的《中国地震目录》，只在霸县栏内记"1511（年）12（月）1（日）地震，房山、北京、永清等县均震"。（李善邦主编：《中国地震目录》第二集，第97页）要弄清楚此次较大的地震的总情况，凭上述资料是远远不够的。要搞清楚此次地震的震中位置、震级、烈度、地震的总范围以及有无前震和余震，更是不能说明问题的。只有占有大量资料，争取穷尽此次地震的所有资料，才能在此基础上作分析和研究，弄清真相。为此，笔者反复查阅了《正德实录》《明史》，对十一种历史典籍进行了搜寻，对北京和河北地区历史上九十四种地方志进行了认真的查找，对数十种野史、笔记、碑刻以及拓本进行检索和比较，终于又找到了如下十分重要的史料：

其一，京师（今北京市）

（正德六年十一月癸亥）以京师（今北京市，下同）地震，祭告天地、宗庙、社稷。（《正德实录》卷八一，第4页，苏本第5页）

其二，京城（北京市）

（正德六年十一月甲戌）大学士李东阳上疏曰：今水旱相仍，生民穷困，畿东南盗贼蜂起，京师内外地震有声。（《正德实录》卷八一，第8页）

其三，京师（今北京市）。保定、河间、霸州（今河北霸县）、山东武定州。（正德六年）十一月戊午，京师地震，保定、河间二府及八县三卫，山东武定州同日皆震，霸州连三日十九震。

按： 这条史料不仅载于《明史·五行志》，而且载于《东光县志》、《宁津县志》、《献县县志》、《景县县志》。

其四，保定、京师（今北京市），霸州（正德六年春，保定地震，一夜十余次）。十一月戊午，京师地震，霸州尤甚，三日中十有九震。（洪良品纂，缪荃孙辑：《光绪顺天府志》卷六十九，故事志五，祥异，第18页）

其五，京师（今北京市）

（正德六年）十一月，京师地震，三日十九次。[（明）查继佐：《罪惟录》志，卷三，第17页，四部丛刊三编本]

其六，京师（今北京市）

（正德六年）十一月，以京师地连震，下诏修省。[（明）查继佐：《罪惟录》志，本纪，卷十一，第18页。四部丛刊三编本]

其七，京师（今北京市）

（正德）六年十一月，京师地震。[（明）徐学聚：《国朝典汇》，灾异，卷一一四，第32页。明刻本]

按： 此条史料不仅载于明人徐学聚的《国朝典汇》，还载于明代学者王圻的《续文献通考》[（明）王圻：《续文献通考》卷二百二十一，明万历三十一年松江府刻本，第23页]和清代学者孙之𬴁的《二申野录》。[（清）孙之𬴁：《二申野录》卷三，清光绪二十八年吟香馆刻本，第20页]

其八，京师（今北京市）

（正德二年十一月）辛酉，以京师地震，敕群臣修省。[（清）

王鸿绪:《明史稿》本纪，卷十三，清敬慎堂刊本，第5页]

按：正德六年十一月辛酉，系1511年12月3日。

其九，大城

（正德）六年十一月地震。[（清）张象灿修，马恂纂:《大城县志》卷八，灾异，康熙十二年刊本，第3页；又见:（清）赵炳文等重修，刘钟英等撰:《大城县志》卷十，光绪二十三年刻本，第6页]

其十，山东武定州（治今惠民）

（正德六年十一月）戊午，山东武定州地震。（《正德实录》卷八一，第3页，苏本第4页）

其十一，霸州（今河北霸县）

正德六年春，地震，一夜十余次。[（明）唐交等修:《霸州志》卷九，灾异，明嘉靖二十七年本，第2页]

按：此条又见清代和民国年刻本。

其十二，良乡县（今北京市房山东北）

正德六年春地震。[（清）李庆祖修，张景纂:《良乡县志》，祥志，卷七，康熙抄本；又见（清）杨嗣奇修:《良乡县志》卷七，康熙三十九年刻本，第4页]

其十三，霸州（今河北霸县）

（正德六年）八月壬寅，顺天府霸州地连震。（《正德实录》卷七八，第8页）

按：正德六年八月壬寅（八月二十五日），是1511年9月16日。

以上十几条新的地震史料，是老地震工作者尚未发掘的，它们对于我们研究此次地震，弄清此次地震的许多遗留问题，诸如地震的震中位置、地震的震级、地震的烈度，以及地震的破坏范围、影响范围等问题，有了充分的信心和证据。经分析研究，得出如下看法。

第一，关于此次地震的震中位置问题。

笔者认为此次地震的震中位置在霸州（即霸县，北纬39.1°，东经116.4°）。首先，因为霸州在此次地震中震的次数最多，"自是日，至庚申，凡十九次，居民震惧如之。"〔（明）查继佐:《罪惟录》志，卷三，四部丛刊三编本，第17页〕霸州数日十九次震，不仅载于《正德实录》，还载于《明史·五行志》、《东光县志》、《宁津县志》、《献县县志》、《景县县志》、《光绪顺天府志》等。其次，由此年（正德六年）这一地区各县的历史地震记录看，震中亦应在霸州，而十一月戊午（12月1日）是其主震。另外，京师（今北京市）此年十一月也有三日十九次地震的记载，如明人查继佐《罪惟录》载:"（正德六年）十一月，京师地震，三日十九次。"〔（明）查继佐:《罪惟录》志，卷三，四部丛刊三编本，第17页〕霸州在明代亦得顺天府辖，所以把此次地震定名"1511年北京、霸县地震"。有人说，此次地震的震中位置在"河北静海一带"。经查，静海县正德六年没有地震记录，不论范文澜主编的《中国地震资料年表》，还是李善邦主编的《中国地震目录》，均无这年的地震记载。把没有地震记录的静海定为地震的震中位置，实在是荒唐可笑。至于有人说，此次地震的震中位置不易确定，那是他没有掌握大量的资料，没有发掘更多的地方文献的资料所致。

第二，关于此次地震的震级和烈度问题。

一次地震的震级和烈度，表示此次地震的强烈程度和反映在地面上的破坏程度。地震的震级越大，反映在地面上的破坏程度越大；相反，地震的震级越小，反映在地面上的破坏程度越小。根据国家地震局的有关规定，对于历史地震，根据地震记载的地面破坏情况，先确定烈度，然后取其相应的震级。我们反复研究，比较本次地震所收到的十七条史料，没有一条记载有破坏情况的内容，这就为我们确定此次地震的震级和烈度形成困难的局面。李善邦同志主编的《中国地震目录》也说："(此次地震)有感面积很大，但无破坏记录"，列入"未编目的大地震"内（李善邦主编：《中国地震目录》第一集，科学出版社1960年版，第310页）。这里明确指出，是一次"大地震"，可能就是因为"无破坏记录"，就暂定为"未编目的大地震"。根据国际地震界规定，凡震级在 $4\frac{3}{4}$ 级以上（含 $4\frac{3}{4}$ 级）均属于大地震，那么此次地震至少在 $4\frac{3}{4}$ 级以上。国家地震局地球物理所认定此次1511年12月1日的地震属 $5\frac{1}{2}$ 级，笔者认为是有道理的。虽然没有明确的破坏记录，但地震"有声如雷"，"动摇居民房屋"，"居民震惧如之"（《正德实录》卷八一，第3页），而且地震的范围相当大，地震的次数达19次之多，尤其霸州更频繁，"一夜十余次"。

此次地震的震级定为 $5\frac{1}{2}$ 级，主要是依据有感半径与震级经验关系确定的。对于两县以上记载的历史地震，根据全国近百个已定震级的历史地震作出的有感半径与震级的经验确定震级，请看下表：

有感半径（公里）	15	25	40	75	150	180	200	230	270	350	450	590	780	1000
震级 M	4	$4\frac{1}{4}$	$4\frac{1}{2}$	$4\frac{3}{4}$	5	$5\frac{1}{4}$	$5\frac{1}{2}$	$5\frac{3}{4}$	6	$6\frac{1}{2}$	7	$7\frac{1}{2}$	8	$8\frac{1}{2}$

（此表摘自北京市地震地质会战办公室编：《北京及邻区地震目录汇编》的《说明》）此次地震发生在京师、河间、保定等十几个府、州、县，最远的西北有万全都司（治今河北宣化），东南有山东武定州（治今惠民），以霸州为地震震中，无论至万全还是至惠民，有感半径（公里）均在200公里以上，就按200公里计，震级正好是 $5\frac{1}{2}$ 级，所以确定 $5\frac{1}{2}$ 级是有科学依据的。

现在，我们确定了震级，反过来也可以推定烈度。地震的烈度一般比地震的震级高出 1—2 度，请看北京地区历史大地震的震级与烈度对比表：

（以 9 次历史大地震的震级与烈度对比）

编号	地震日期公历（农历）	震中位置	烈度	震级
1	294 年 9 月（晋元康四年八月）	北京居庸关	7	$5\frac{1}{2}$
2	1011 年 8 月（宋祥符四年七月）	河北正定	6	$4\frac{3}{4}$
3	1057 年（宋嘉祐二年）	（幽州）今北京	9	$6\frac{3}{4}$
4	1068 年 8 月 14 日（宋熙宁元年七月十四日）	河北沧县河间	8	6
5	1069 年 1 月 18 日（宋熙宁元年十二月辛酉）	河北沧县	6	$4\frac{3}{4}$
6	1076 年 12 月（辽太康二年十一月）	北京	6	5
7	1337 年 9 月 8 日（元顺帝至元三年八月）	河北怀来	8	$6\frac{1}{2}$
8	1338 年 8 月 2 日（元至元四年七月十六日）	河北涿鹿	6	5
9	1485 年 5 月 27 日［明成化二十一年四月（闰）十四日］	河北遵化	6	5

从上表可以看出，地震的烈度比它相应的震级至少多 1 度，有的多 1.5 度，有的多 2 度，还有的多 2 度以上。我们以最小的差数计，即以烈度比震级最少多 1 度计，此次地震的震级为 $5\frac{1}{2}$，烈度为 $6\frac{1}{2}$ 度，若以多出 1.5 度计，此次地震的烈度为 7 度。所以，1511 年 12 月 1 日的北京·霸州地震的烈度在 $6\frac{1}{2}$ — 7 度之间为宜。

第三，关于此次大地震的范围和影响问题。

1511 年 12 月 1 日的北京、霸州大地震，是以霸州为震中位置的，它的震动向四周扩散。根据《正德实录》、《明史》、《光绪顺天府志》以及九十多种地方志查得，地震所波及的范围如下：

京师（今北京市）、北直隶保定府（治清苑，今河北保定市）、河间府（治河间，今河北河间县）、蓟州（治今天津市蓟县）、良乡（今北京市房山东北良乡）、房山（今北京市房山）、固安（今河北固安）、东安（今河北安次东南旧安次）、宝坻（今天津市宝坻）、永清（今河北永清）、文安（今河北文安）、大城（今河北大城）、万全都司（治今河北宣化）、怀来卫（治今河北怀来东南旧怀来，今在官厅水库中）和隆庆卫（今北京延庆）。另外，还有山东省的武定州（治今惠民）。这样，形成以霸州为中心，西北至万全，东南至惠民，有感地震半径为200公里；东北至蓟县，西南至保定府以南，有感地震半径为150公里的椭圆形地震范围。参见下图：

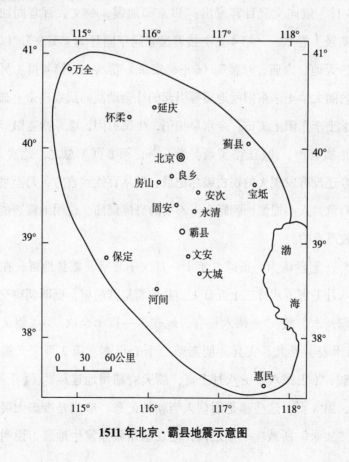

1511年北京·霸县地震示意图

至于此次地震的影响问题，可从两个方面说明，一个是居民百姓的反映；另一个是皇帝、官方的反映。

这次地震，前文叙过，重点影响地区是北京和霸县。地震期间，数日间多达十九次，造成京师，二府三卫八县等广大地区"皆有声如雷，动摇居民房屋"、"居民惧震如之"。(《正德实录》卷八一，第3页) 地震使房屋动摇，居民自然惶惶不安，再加上"水旱相仍，生民穷困，畿东南盗贼蜂起"(《正德实录》卷八一，第8页)，引起当时社会动荡和社会秩序混乱的局面。

这次地震引起明武宗皇帝的高度重视。地震是正德六年十一月戊午，即1511年12月1日发生，刚发生完地震，武宗皇帝于同年的十一月辛酉（12月3日）就向文武百官发出："以京师地震，令文武百官同加修省。"(《正德实录》卷八一，第4页) 接着又于同年同月的"癸亥""以京师地震，祭告天地、宗庙、社稷"。(《正德实录》卷八一，第4页) 另外，当时明朝内阁大学士李东阳就地震等引起的社会动乱向武宗皇帝上疏。"(甲戌）大学士李东阳上疏曰：今水旱相仍，生民穷困，畿东南盗贼蜂起，京城内外地震有声。"(《正德实录》卷八一，第8页) 总之，此次大地震，虽然至今还没有发现大的伤亡破坏记载，但从百姓到官方，乃至皇帝，形成人人自危，人心惶惶，朝野上下不安的恐慌局面，说明地震造成的影响还是比较严重的。

此外，笔者认为，正德六年十一月戊午北京、霸县地震，在同年的春季和八月壬寅（八月二十五日）霸县地震是其前震，据明朝唐交等人修撰的《霸州志》载："正德六年春，地震，一夜十余次。"[（明）唐交等修：《霸州表》卷九，灾异，明嘉靖二十七年本，第2页] 又据《正德实录》载："（正德六年）八月壬寅，顺天府霸州地连震。"(《正德实录》卷七八，第8页) 这些都是明朝人当朝的记载，应当是准确无疑的，何况又是"实录"所载。一年之内，同在霸州频频发生地震，说明霸州地区地下能量集聚得太多，需要不断向外释放。正德六年春季和八月壬寅（二十五日）的小震，是能量的小释放，应视为其前震。到了十一月戊午（12月1日）是能量的大释放，数日十九次之多，引起居民房屋摇动、百姓惧震，是其主震。

*1527*年
北京·丰润地震

　　1527年，北京、丰润、遵化、抚宁等地发生地震，而在丰润造成官民墙屋多数倾圮。据《嘉靖实录》载：[嘉靖六年十月]"戊辰夜，京师地震。"（《嘉靖实录》卷八一，第13页，苏本第17页）同样的史料也出现在《明史》、《光绪顺天府志》、《明史稿》中。[《明史·五行志》，中华书局点校本1974年版，第500页；又见：（清）洪良品纂，缪荃孙辑：《光绪顺天府志》卷六十九，故事志五，祥异，第19页；还见：（清）王鸿绪：《明史稿》志，卷六，清敬慎堂刊本，第20页]

　　笔者按："嘉靖六年十月戊辰"，即1527年11月17日。"京师"，系明代北京，即今北京市。此地震典籍上只记录"京师地震"，没有看到有破坏的记载。但同样的记录，出现在明代当朝和清代早期的数种古籍中，证明此次地震影响比较大、流传比较广。笔者在《北京地区地震史料》一书中，曾以"按"的形式，将此次地震震级定为4级（贺树德编：《北京地区地震史料》，紫禁城出版社1987年版，第83页），看成是一次独立的地震，现在看来不妥。最近查阅嘉靖六年，北直隶丰润（今河北丰润）发生破坏性大地震。北京地震当系丰润地震之影响。据《丰润县志》载：

［嘉靖］"六年地震，有声如雷，形势闪荡，如舟在浪中，官民墙屋倾颓数多。"［（明）王纳言：《丰润县志》卷二，隆庆四年刊本］这里虽然没有记明"月日"，但"嘉靖六年"明白无误。而且据震情"官民墙屋倾颓数多"，震中烈度为7度，震级在 $5\frac{1}{2}$ 级以上。震中在丰润县，北纬39.8°，东经118.1°。

　　同年，遵化、抚宁均有地震。据《遵化州志》载："嘉靖六年地震"［（清）郑桥生：《遵化州志》卷二，康熙十五年刊本］。《抚宁县志》亦载：［嘉靖］"六年地震"。［（清）赵端：《抚宁县表》卷一，康熙廿一年刊本］笔者认为，丰润至抚宁90公里，距北京150公里，至遵化不足50公里，可能是丰润大地震对遵化、抚宁、北京的影响。

*1532*年
河北三河地震

　　明世宗嘉靖十一年十月甲申（初十日），即公历 1532 年 11 月 6 日，三河发生了一次较强地震。据《三河县志》载：[嘉靖]"十一年十月初十日夜，地震，县西夏店尤甚，房垣俱倒。"[（清）陈伯嘉纂修：《三河县志》卷上，（无页码），康熙十二年修，抄本，藏北京图书馆] 依国家地震局地球物理研究所的意见，认为此次地震震中在三河夏店，具体位置在北纬 39.9°，东经 116.9°（国家地震局地球物理研究所：《北京及邻区地震目录汇编》，1978 年铅印本，第 5 页），震中烈度为 7 度，震级为 5.5 级。根据震情"房垣俱倒"，笔者认为判定震中烈度为 7 度、震级为 5.5 级是正确的。但是，地震考古组编《北京市地震地质会战研究成果汇编（1）》在此次地震摘录之后，在"注"中，对"此次地震震级为 $5\frac{1}{2}$ 级"打上一个问号，笔者认为这是没有根据的。还是这个"注"继续写道："但《乾隆三河县志》记此次地震为嘉靖十五年十月初十，与康熙志有异。而嘉靖十五年十月庚寅通州有大地震，康熙志或误十五年为十一年欤？待考。"（地震考古组编：《北京市地震地质会战研究成果汇编（1）》，1977 年铅印本，第 11页）无独有偶，王越主编《北京历史地震资料汇编》，也在此次三河地震后加"注"："《乾隆三河县志》记此次地震为嘉靖十五年十月初十，与康熙志有异。康熙志是否误十五年为十一年？仅存以此。"（王越主编：《北京历史地震资料汇编》，专利文献出版社1998年6月第1版，第33页）

笔者在此需指出以下几点：

第一，嘉靖十一年十月初十三河地震，与嘉靖十五年十月初十三河地震，是相隔四年的两次不同地震。虽然表面看，仅"一"年或"五"年一字之差，其年月日相差甚远："嘉靖十一年十月初十日"，公历为1532年11月6日。而"嘉靖十五年十月初十日"，公历为1536年10月24日。就地震记载的文字看也不相同。前者的原文如下：

"（嘉靖）十一年十月初十日夜，地震，县西夏店尤甚，房垣俱倒。"（《三河县志》康熙十二年抄本）后者的原文如下：

"（嘉靖）十五年十月初十夜，地震，西夏店尤甚，房垣俱倒。"（《三河县志》乾隆二十五年刻本）[（清）陈咏修，王大信等纂：《三河县志》卷七，风物，乾隆二十五年刻本，第9页]除了年代不同外，前者记"初十日夜"，后者只记"初十夜"，无"日"字，又前者说"县西夏店尤甚"，后者仅写"西夏店尤甚"，无"县"字。白纸黑字，清清楚楚，不容混同。

第二，地震考古组和王越指出："康熙志是否误十五年为十一年？"这种推断真离奇。一般学者发现前志与后志有异者，是后志误抄前志，甚至抄错了前志的时间和地震内容。康熙十二年比乾隆二十五年要早87年，难道87年前写的县志年代记错了，87年后"纠正"过来，又有何证据？

第三，最具权威的谢毓寿、蔡美彪主编的《中国地震历史资料汇编》（第二卷），亦未收"嘉靖十一年甲申（初十，1532年11月6日）三河地震"。希望再版时补上。

1536 年 10 月
北京·通州大地震

　　明世宗嘉靖十五年十月庚寅（初八日），即公历 1536 年 10 月 22 日，北京、通州等府县发生大地震。《嘉靖实录》载："［嘉靖十五年十月庚寅］是夜，京师及顺天、永平、保定诸府所属州县，万全都司各卫所，俱地震，有声如雷。"（《嘉靖实录》卷一九二，第 2 页，苏本第 3 页；又见《明史·五行志》，中华书局点校本 1974 年版，第 500 页）《光绪顺天府志》载："［嘉靖］十五年十月庚寅，京城地震如雷。"［（清）洪良品纂，缪荃孙辑：《光绪顺天府志》卷六十九，故事志五，祥异，第 20 页］《通州志》的康熙三十六年刻本、乾隆四十八年刊本、道光十八年李宣范补订本以及民国二十一年油印本均载："［嘉靖］十五年十月地大震，潞县同日俱震，居民房屋倾圮，伤人，州城亦多圮。"（贺树德编：《北京地区地震史料》，紫禁城出版社 1987 年 7 月版，第 86 页）另外，明代人谈迁在他的史学著作《国榷》中亦载："［嘉靖十五年十月］庚寅夜，京畿及万全都司地震有声。"［（明）谈迁：《国榷》卷五六］这么多历史典籍均载这次地震及其震情，说明这次地震确实发生，并且震级较强、范围较广、灾情较重。又据我们新发现的史料并加以分析、研究，认为本次大地震之前还有前震，大地震稍后又发生强余震，所以 1536 年 10 月北京、通州大地震，是一次有前震、主震和余震的完整地震过程的较强地震。

一、关于此次大地震的前震

1536 年 10 月主震之前，北京等地发生过两次前震。明代当朝人徐学聚撰《国朝典汇》："［嘉靖］十五年三月（公历 4 月），……京师及永平、保定诸处地震，有声如雷。"［（明）徐学聚：《国朝典汇》卷一一四，明刻本，第 43 页］还是明代当朝人查继佐《罪惟录》载："［嘉靖十五年十月］戊子，皇二字（子）载垕生。廷臣方请贺，地震。"［（明）查继佐：《罪惟录》本纪，卷十二，四部丛刊三编本，第 32 页］这两次京师、永平、保定诸处地震，距主震不过几个月，甚至不到三天，视为主震之前的前震，是理所当然的。

二、关于此次大地震的主震、震中位置和烈度、震级

前文所引《嘉靖实录》、《明史·五行志》、《国榷》以及《光绪顺天府志》均载嘉靖十五年十月庚寅（初八日），即 1536 年 10 月 22 日，"京师及顺天、永平、保定诸府所属州县，万全都司各卫所，俱地震，有声如雷"，又《通州志》各种版本均记，嘉靖十五年十月（通州）"大震，潞县同日俱震，居民房屋倾圮，伤人，州城亦多圮"。笔者认为，1536 年 10 月 22 日，上述地区同日地震，而且破坏程度严重，造成州城、房屋倾圮、伤人的惨景，就是本次大地震的主震。

根据地震造成的严重破坏情况，震中位置在北京市东南的通州之南，具体地点是：北纬 39.8°，东经 116.8°。通州、三河、潞县为极震区。

又据房屋倾圮伤人，州城多圮，地震烈度定为 7—8 度，震级为 6 级。

三、关于此次大地震的范围

本次大地震的主震，上文已经指出通州南为震中，通州、潞县、三河为极震区。极震区以外，均为有感区。有感区有以下地区（见下图）：

京师（今北京市）、顺天府（治大兴、宛平，即今北京市）、永平府

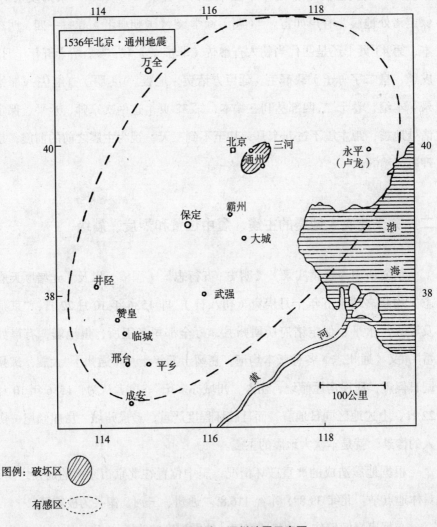

图例：破坏区 ⬩

有感区 ⬩

1536 年 10 月北京·通州地震示意图

（即卢龙，今河北卢龙）、保定府（即清苑，今河北保定市）、万全都司（治今河北宣化）。

另外，波及河北省的其他市县还有：

霸州（今河北霸州市）、香河、文安、大城、新城、井陉、武强、隆平（今河北隆尧）、赞皇、邢台（今河北邢台市）平乡、钜鹿（今河北巨鹿）、成安、柏乡、临城、高邑等，以上市县均有地震记载（见各县县志）。本次地震范围，大致形成一个巨型鸭蛋状：呈东北西南向，东自渤海，西至万全，南自成安，北至辽西。东西宽四百多公里，南北长七百多公里，参见简图。

四、关于本次地震的余震

嘉靖十五年十月初八日大震后，于十月初十日，即大震后的第三天，（1536年10月24日）发生了余震，而且这次余震出现在距通州很近的三河。《三河县志》载："[嘉靖]十五年十月初十夜，地震，西夏店尤甚，房屋倾倒。"[（清）陈修、王大信等纂:《三河县志》卷七，风物，乾隆二十五年刻本，第9页]三河地震，三河西夏店房屋俱倒，说明是一次有破坏力的较强余震。

*1538*年
河北深县地震

明嘉靖十七年（1538），深州地震。

按：深州即今河北深县。

据明人唐臣《真定府志》载："嘉靖十七年深州地震，自西北震（起），一月间数十次，倾圮庙舍，民有迁避者。"［（明）唐臣：《真定府志》卷九，嘉靖二十六年刊本］按震情庙舍倾圮，百姓有逃避躲灾等，震中烈度为6度。再按烈度推算，震级比烈度少1度，当为5级地震，所以属大地震。破坏较严重的地区是深县，所以深县为震中区，具体地点是：北纬38.0°，东经115.6°。

另外，距深县约100公里左右的徐水和武强同年地震，是否是深县的余波？

《安肃县志》载："（嘉靖）十七年戊戌地震。"［（清）梁舟：《安肃县志》卷三，康熙十三年刊本］

按：安肃即今河北徐水。

据《武强县新志》载："嘉靖十七年（1538）冬十月，地震有声。"［（清）翟慎行：《武强县新志》卷十，道光十年重刻本］

按：明代武强，即今河北武强西南之旧武强。

*1562*年
河北滦县地震

1562 年 6 月（明嘉靖四十一年五月），河北滦县发生较大地震。

据明代人陈士元撰《滦志》载："嘉靖四十一年夏五月地震，声如雷，州南孙家坨地裂，涌黑水。"［（明）陈士元:《滦志》世编三，康熙十八年刊嘉靖本，第 3 页］

另据明代人周宇撰写的万历本《滦志》，亦载："嘉靖四十一年夏五月地震。声如雷，县南孙家坨地裂，涌黑水。"［（明）周宇:《滦志》卷三，万历四十六年刊本］

这里需要指出，《滦志》，就是滦县志，因明代滦县称北直隶滦州，又称滦州，治今河北滦县。

当朝人记当朝地震事，自然记忆犹新，且真实可靠。我们无须分析推理，"志"说"地震声如雷"、"州南孙家坨地裂，涌黑水"，白纸黑字，斩钉截铁。据此地震实情，属于破坏性地震，自然是较大地震。又据谢毓寿先生编《新地震烈度表》及李善邦的《补充规定》：凡"地震坏民居"、"地震地裂"、"地震山崩"等，一般作 6 度。所以本次地震"孙家坨地裂"，应该定地震烈度为 6 度。

地震烈度 6 度，据地震震级一般较地震烈度少 1 度，故本次滦县地震震级为 5 级。

关于此次滦县较强地震震中位置，虽然材料甚少，但十分清楚地记载了"州南孙家坨地裂，涌黑水"。一般地说，破坏最严重的地方，就是地震之震中，所以本次地震震中就在滦县，具体位置是：北纬 39.7°，东经 118.7°。

滦县在北京以东二百余公里，因距离较远，地震震级为 5 级，没有对北京造成威胁，所以各种地方志均未载本次滦县地震对北京的影响。

*1567*年
北京·昌黎地震

　　隆庆元年（1567）北京·昌黎等地发生地震，据明人查继佐著《罪惟录》载："（隆庆元年）三月，京师地震。"［（明）查继佐：《罪惟录》志卷三，四部丛刊三编本，第26页］为当朝人所记地震，应该确信无疑。

　　据《康熙东安县志》载："（隆庆元年）十月地震有声。"［（清）王士美等修撰：《康熙东安县志》卷一，机祥，康熙十六年刊本，第4页］

　　又据《光绪顺天府志》载："（隆庆元年）冬十月，京师如盛夏，雷震，次日大寒，夜将半雷达旦。东安地震有声。……十一月庚辰，京师地震有声。"［（清）洪良品撰，缪荃孙辑：《光绪顺天府志》，卷六十九，故事志五，祥异，第22页］

　　《永平府志》载："隆庆元年春三月癸未（1567年5月16日）地震。"［（清）张朝琮：《永平府志》卷三，康熙五十年增刊本］同日，《卢龙县志》亦有卢龙"地震"的记载。［（清）卫立鼎：《卢龙县志》卷二，康熙十九年增补顺治十七年本］令人惊奇的是，我们在《昌黎县志》中发现，"隆庆元年（昌黎）地震，山崩树鸣。"［（清）王曰翼：《昌黎县志》卷一，康熙十三年刊本］足见这次地震的范围不小，而且造成"山崩树鸣"，形成破坏性大震。

按照上述史料，笔者认为，北京和永平府地震发生在隆庆元年三月，即1567年四五月间，或者确定在"癸未"（5月16日），属于1567年北京、昌黎大地震的前震，仅有地震之文字记载，没有破坏记录。本年发生在昌黎的地震，"山崩树鸣"。山体滑坡，塌陷，树木亦东倒西歪，形成惊人的"树鸣"，这就属于破坏性地震。

按照破坏程度最严重的地区就是地震震中的原则，本次1567年北京·昌黎大地震，震中在昌黎县，北京仅属地震之前兆或前震。震中具体位置在北纬39.7°，东经119.2°。地震烈度为6度，震级为 $4\frac{3}{4}$ 级。就地震所波及的范围看，从北京以东，一直到冀东北的广大地区，都属地震有感区。

*1568*年
河北乐亭地震

明隆庆二年三月戊寅（二十八日），即公历 1568 年 4 月 25 日，河北乐亭发生大地震，因震中在乐亭，故称乐亭大地震。有的地震学者认为这次地震破坏地区在渤海西端，故又称"1568 年渤海地震"。北京、保定等地有感。

据《隆庆实录》载："（隆庆二年三月）戊寅，京师地震。……是日，永平府乐亭县、辽东宁远卫、遵化、顺义等县，山东登州府，同日地震。乐亭地裂二所，各长三丈余，黑水涌出。宁远城崩。"（《隆庆实录》卷一八，第 14 页，苏本第 12 页）

按：宁远，即辽宁兴城。

《明史·五行志》载："（隆庆二年三月）戊寅，京师地震。是日，山东登州、四川、顺义等县同日震。乐亭地裂三丈余者二，黑沙水涌出。宁远城崩。"（《明史·五行志》，中华书局点校本 1974 年版，第 501 页）

按：据《隆庆实录》卷一八和《明史·五行志》所记四川、顺义等县，实为北直隶顺义县（今北京市顺义区）之误。

又据明代《续文献通考》载："（隆庆二年三月），是月二十八日，遵化及昌黎县、卢龙县、顺义县、迁安县、丰润县、石门寨、山海关、界岭口、无锡县俱地震，其声如雷。"[（明）王圻：《续文献通考》，卷二百二十一，明万历三十一年松江府刻本，第25页]

　　按："无锡"疑为河北"无极"，明代"无极"属真定府，在今河北省中部偏西，当在丰润等县之西南方，而"无锡"则在今江苏省。

　　这次地震破坏最严重的是乐亭，《隆庆实录》和《明史》均载："乐亭地裂二所，各长三丈余。"而《明书》还载："乐亭地裂，一处宽一尺，长三丈，一处宽一尺，长一丈，一处宽一尺，长三丈，各涌黑沙水出。"[（清）傅维鳞：《明书》卷八五]说明乐亭是震中，具体位置在北纬39.0°，东经119.0°。

　　关于这次地震的强度和震级，也是根据乐亭县的破坏程度而定，据《中国地震目录》说，这次地震使乐亭县"坏民屋，东郊刘汴庄（距县城1公里）地裂3丈余，水溢（震中在本县），震中强度7度"（李善邦主编：《中国地震目录》第二集，科学出版社1960年版，第45页），那么震级约为6度。

　　这次东亭地震，以乐亭为震中，地震波向四周辐射，大致呈圆形，波及地区直径达700公里，波及辽宁西部，北京，河北东北部、东部，山东北部，山东半岛以及整个渤海湾地区。破坏情况或有感地震有文字记载，东北至兴城（宁远），西南至保定，西北至密云以北，东南至蓬莱。参见下图：1568年乐亭地震（渤海地震）示意图。

　　本次乐亭大地震除北京、乐亭、遵化、顺义、山东登州府、辽东宁远（兴城）、昌黎、卢龙、玉田、迁安、丰润、石门寨、山海关、界岭口等有地震记录外，还有如下一些县也有地震记录：

　　东安（今河北安次东南旧安次）

　　"[隆庆]二年三月二十八日午时，地震有声。"[（清）李大章：《东安县志》卷一，康熙十二年刊本]

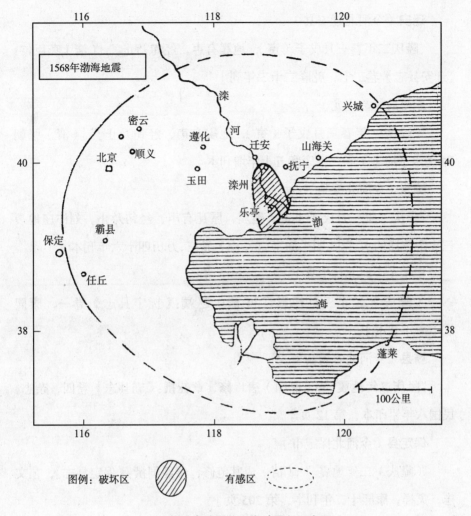

图例：破坏区 有感区

1568 年乐亭地震（渤海地震）示意图

怀柔（今北京市怀柔县）

"隆庆二年三月二十八日，地震有声，自乾至巽。"〔（明）史国典：《怀柔县志》卷四，万历三十二年刊本〕

密云（今北京市密云县）

"隆庆二年三月二十八日，地震有声，自乾至巽。"〔（清）赵弘化：《密云县志》卷二，康熙十二年刊本〕

迁安（今河北迁安县）

"隆庆二年春三月戊子（寅），地震有声，经旬乃止。"〔（清）燕臣仁：《迁安县志》卷二七，乾隆二十二年刊〕

永平府（治卢龙）

"（隆庆二年春三月戊子（寅），地震有声，经旬乃止。"〔（清）张朝琮：《永平府志》卷三，康熙五十年增刊本〕

滦州（今河北滦县）

"隆庆二年三月戊子（寅）地震，屋瓦有声，经旬乃止。刘汴庄地裂三丈余，涌沙水。"〔（明）周宇：《滦志》卷三，万历四十六年刊本〕

抚宁（今河北抚宁县）

"（隆庆）二年三月地震。"〔（清）赵端：《抚宁县志》卷一，康熙二十一年刊本〕

霸县（今河北省霸县）

"隆庆二年地震。"〔（民国）唐肯修，章钰撰：《霸县志》卷四，杂志，民国八年铅印本，第12页〕

保定县（今河北保定市）

"（隆庆）二年地震。"〔（清）成其范修，柴经国撰：《保定县志》，艺文志，灾祥，康熙十二年刊本，第205页〕

山东海丰（今无棣）

"隆庆二年三月二十八日辰地震。"〔（清）胡公著：《海丰县志》卷四，康熙九年刊本〕

山东商河

"隆庆二年三月二十八日地震。"〔（明）曾一侗：《商河县志》卷九，崇祯十年修锓万历十四年刊本〕

山东蒲台（今滨县东南北镇南黄河北岸）

"隆庆二年春三月二十有八日地震。"〔（明）李时芳：《蒲台县志》卷

七,万历十九年刊本〕

山东黄县

"隆庆二年戊寅,地震。"〔(清)尹继美:《黄县志》卷五,同治十年刊本〕

山东昌邑

"隆庆二年三月,地微震二次,房有声。"〔(清)党丕禄:《昌邑县志》卷一,康熙十一年刊本〕

山东莱阳

"隆庆二年春三月地震。"(梁秉锟:《莱阳县志》卷首,民国二十四年刊本,第11页)

可见,这次乐亭大地震范围相当广泛,史料相当丰富。

*1581*年
河北蔚县地震

　　明万历九年四月己酉（十六日），即公历1581年5月18日，北京西边的河北蔚县发生强烈地震。据《万历实录》载："（万历九年四月己酉）山西蔚州地震，有声如雷，房屋震裂。同时，大同镇堡各州县地震有声。"（《万历实录》卷一一一，第4页，苏本第5页。又见《明史·五行志》）

　　按：蔚州，明代属山西，今属河北省，改名为蔚县。

　　又按：大同镇，系明代九边之一，总兵驻此，系明代北边重镇，故称大同镇。所领边堡甚多，属大同府辖。大同府治大同，辖朔州、应州、蔚州、浑源州、怀仁县、山阴县、马邑县、广灵县、广昌县、灵丘县。其防区相当于今山西外长城以南，东自山西与河北省交界，西至大同市西北。

　　据《蔚州志》载："（万历）九年四月，地震三次有声，起西北止东南，城垣大坏。"［（清）李英：《蔚州志》卷上，顺治十六年刊本］又据《山西通志》载："（万历）九年四月，广灵县地震，有声如雷，摇塌崖岩垣屋。"［（明）祝徽：《山西通志》卷二六，万历三十年修崇祯二年刊本；又见（清）胡文烨：《云中郡志》卷一二，顺治九年刊本］说明蔚州地震"有声如雷，房屋震裂","震垣大坏"。也指出广灵县地震,也是"有声如雷,摇塌崖岩垣屋"。根据这种地震破坏情况,足以证明这次地震之震中在蔚县和广灵县之间,具体位置在北纬 39.8°,东经 114.5° 之间。

关于这次蔚县地震的烈度,有人认为在 7—8 度之间,震级为 6 度。(《北京及邻区地震目录汇编》1978 年铅印本,第 7 页)笔者经过反复研究和推算,根据对两县以上记载的历史地震,又据全国近百个已定震级的历史地震作出的有感半径与震级的经验关系确定震级,这次地震的有感半径约 180 公里,相应的震级应为 $5\frac{1}{4}$ 级,相应的烈度为 6—6.5 度为宜,因为地震烈度一般比地震震级高 1—1.5 度。

这次蔚县大地震以蔚县为震中,地震震波向其四周辐射,使地震有感区逐渐扩大,大致呈东西稍长,南北稍窄的椭圆形地区,具体范围是:东起北京通州以东,西至大同西南;南自河北新乐,北至万全以北。除了上面所说的河北蔚县,山西大同府各州县和广灵有地震记录外,还有以下一些河北省的县有地震记录:

河北涞源(明属山西广昌)

"(万历)九年夏四月地震。"〔(明)刘世治:《广昌县志》灾祥,崇祯三年刊本〕

河北新乐(今河北新乐东北旧新乐)

"(万历)九年四月十六日,地震有声。"〔(清)林华皖:《新乐县志》卷一九,康熙元年刊本〕

河北宣府(治今河北宣化)

"万历九年四月,地震三次有声。"〔(清)陈坦:《宣化县志》卷一九,康熙五十年刊本〕

"按:九年四月北直隶宣府镇各卫及定兴、定州、满城等地地震,似与九年四月十六日山西大同、蔚州地震为同一次地震。"〔(谢毓寿等主编:《中国地震历史资料案编》第二卷,科学出版社 1985 年版,第 557 页〕

河北万全

"万历九年夏四月,地震三次有声。"[(清)施彦士:《万全县志》,卷一道光十四年补刻乾隆本]

北直隶龙门卫(治今河北赤城西南龙关)

"万历九年四月,地震三次有声。"[(清)章焯:《龙门县志》卷二,康熙五十一年刊本]

河北怀安卫(治今河北怀安南怀安镇)

"万历九年四月,地震三次有声。"[(清)杨大昆:《怀安县志》卷二二,乾隆六年刊本]

河北定兴

"(万历)九年夏四月地震有声。"[(清)张其珍:《定兴县志》卷一,康熙十一年刊本]

河北定县

"(万历九年)夏四月地震。"[(清)黄开运:《定州志》卷五,康熙十一年刊本]

河北满城、蠡县、雄县、新城(今河北新城东南旧新城)

"万历九年夏四月,满城、蠡县、雄县地震。新城地震有声。"[(明)王国祯:《保定府志》卷一五,万历三十五年刊本]

从以上地震记录看,这次蔚县地震的范围相当广泛,史料也相当丰富,请参看如下简图。

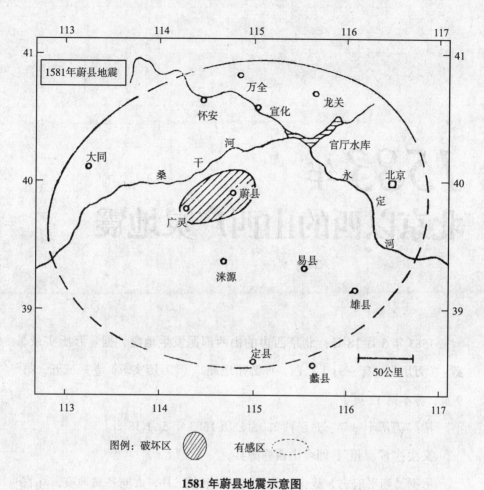

图例：破坏区 有感区 ⊂⋯⊃

1581 年蔚县地震示意图

*1583*年
北京以西的山西广灵地震

1583 年 5 月 18 日，北京西边的山西浑源发生地震。据《万历实录》载："（万历十一年三月）己酉，浑源州地震。"（《万历实录》卷一三五，第 9 页；苏本第 12 页）

按："万历十一年三月己酉"，为公历 1583 年 5 月 18 日。

又按："浑源州"，即今山西浑源县。

另据《朔平府志》载："（万历）十一年春三月，大同各属地震，坏官民庐舍。"〔（清）刘士铭：《朔平府志》卷一一，雍正十一年刊本〕

按：大同府治大同，辖怀仁、浑源州、应州、山阴、朔州、马邑、蔚州、广灵、广昌、灵丘等县。

笔者认为，大同府所辖各州县地震，是浑源县同一次地震，而且比浑源县破坏情况还严重，出现"官民舍"毁坏之惨状。更有甚者，距北京更近的广灵也有地震记载。据明万历《山西通志》载："（万历）十一年，广灵地震，壶流河竭，自辰至未始流。"〔（明）祝徽：《山西通志》卷二八，万历十三年修，崇祯二年刊本〕又据康熙、乾隆《广灵县志》、雍正《山西通志》、乾隆《大同府志》均载：（万历）十一年三月广灵地震，壶流河竭。

这次地震，使广灵壶河断流以致枯竭，"自辰至未始流"，说明地震破坏情况很严重。地震发生在万历十一年三月，亦是浑源同一次地震，因广灵"壶河断流"，疑广灵为此次地震之震中，故称"山西广灵地震"。根据《北京市地震地质会战研究成果汇编》载：震中位置确切地点在北纬 39.7°，东经 113.8°。(《北京及邻区地震目录汇编》，第 7 页，1978 年铅印本)

这次广灵地震的烈度，按照震情破坏情况："坏官民庐舍"，"广灵壶河断流"，烈度应为 7 度。

关于此次广灵地震的震级，根据 7 度烈度，其相应震级为 5 级或 $5\frac{1}{2}$ 级为宜。

关于本次广灵地震之范围，以广灵、浑源为破坏区，据其 $5\frac{1}{2}$ 震级，有感半径在 200 公里左右，大致在山西大同地区以及河北西部一带，整个桑干河上流都属其震波所及的范围。请参见以下广灵 1583 年地震简图。

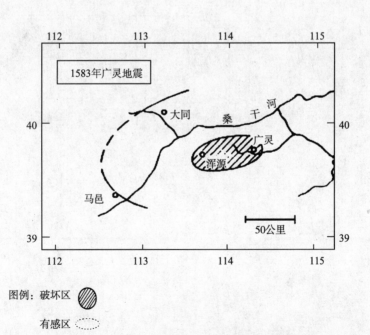

1583 年广灵地震示意图

按：1583 年广灵地震，虽然没有文字记载说明对北京的破坏和影响，但它同属渤海湾地震带，历史上多次大震，与北京同在一个地震范围。本书对它的收录和研究，旨在注意它同北京地震的关系，以及引起后人对它的注意。

1586 年
北京地震

1586 年 5 月 26 日，北京发生地震。据《万历实录》载："（万历十四年四月）癸酉（初九），寅时，地震有声。大学士申时行等题，窃闻地道安贞以震动为变，天心仁爱以谴告为符，况京师万国取宗四方之极，连月以来，风霾屡作，雨泽未沾，群情皇皇，罔知攸措，乃今又有地震之灾，此次不习占书，不知事验，然窃以恒旸，不雨则是阳道；亢而不能下济，地震弗宁，则是阴道。"（《万历实录》卷一七三，第 6 页）同样的北京地震记载，亦载于《明史》、《明会要》和《光绪顺天府志》等古籍中。[《明史·神宗本纪》，中华书局点校本 1974 年版，第 271 页；（清）龙文彬：《明会要》，祥异，卷二，69 册，中华书局 1956 年版，第 1349 页；（清）洪良品撰，缪荃孙辑：《光绪顺天府志》卷六十九，故事志五，祥异，第 237 页]

在明代人顾其志撰《揽茝微言》载："（万历十四年四月癸酉）寅时地震，房屋作猎猎声，民间小屋有倾倒者。"[（明）顾其志：《揽茝微言》（不分卷）]

按：京师即北京，"万历十四年四月癸酉"阳历为 1586 年 5 月 26 日。故此次地震定为北京地震。

这次北京地震影响到昌平的明代十三陵和延庆县的岔道地区。如《万历实录》载："（万历十四年）四月庚辰（5月31日），裕陵明楼震伤砖瓦，守备奏闻。上命即看估修理。"（《万历实录》卷一七三，第10页）《延庆州志》载："（万历十四年）四月，岔道地震。"〔（清）李仲俦：《延庆州志》星野·灾祥附卷一，乾隆七年刻本，第14页；又见何道增修：《延庆州志》杂稽．祥异，卷十三，光绪六年刻本，第20页〕

笔者考：岔道在今北京市延庆县南二十里。

又考：岔道的确切位置及四邻是：岔道东至八达岭四里，至居庸关三十里延庆界，西至榆林堡二十五里怀来界，南至山五里，北至延庆县县城，为居庸关门户，地当极冲。

根据《永平府志》载，这次北京地震还波及到今河北迁西西北三屯营地区。如《永平府志》载："（万历）十四年夏四月癸酉，三屯营地震。"三屯营在北京东北，距北京约150公里，看来此次北京地震大致呈东西向，即延庆、昌平、北京、迁西三屯营一线。

据地震破坏情况看，"民间房屋有倾倒者"，"明裕陵明楼震坏砖瓦"，地震烈度为6度，震级为5级，可以说是一次有惊无险的地震。

1597年
北京·渤海湾地震

万历二十五年八月甲申（二十六日），即阳历 1597 年 10 月 6 日，渤海湾及其沿岸纵深地区发生强烈地震。震中在渤海湾中，对北京地区震动很强烈，不仅造成很大损失，而且引起明朝许多大臣的惊恐，纷纷向明朝皇帝禀报，故称本次大地震为"北京·渤海湾地震"。

《续文献通考》载："（万历二十五年八月）礼科署科事给事中项应祥奏地震事。于本月二十六日晨起，栉沐间，忽见四壁动摇，窗楞戛戛有声，移时始定，正在惊骇。及入垣办事，复据长安、承天等门守卫官，包宗仁等禀称：本日卯时，皇城内外地震，从西北起，往东南，连震三次及止。"[（明）王圻：《续文献通考》卷二二一]

《万历实录》载："（万历二十五年八月）甲申，京师地震。"[（万历实录）卷三一三，第 4 页，苏本第 6 页]

《万历实录》又载："（万历二十五年九月辛丑）礼部给事中刘泽言：京师连日震，变属异常。"（《万历实录》卷三一四，第 4 页）

此次大地震波及河北、辽宁、山东、河南、江苏五省内近二十州县（见简图）。

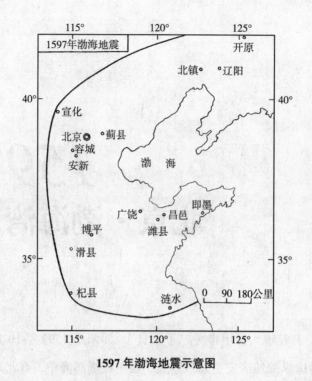

1597 年渤海地震示意图

注：图摘自国家地震局地球物理研究所编《北京及邻区地震目录汇编》，第 8 页。

第一，考察对河北省境内诸州县的影响。

据《明史》载："（万历二十五年八月）甲申，京师地震，宣府、蓟镇等处俱震。"（《明史·五行志》）

《新安县志》载："（万历二十五年）地震。"［（清）夏祚焕：《新安县志》卷七，康熙年间增刻，顺治四年本］

《容城县志》载："（万历）二十五年地震。"［（清）王克淳：《容城县志》卷八，乾隆二十六年刊本］说明河北省内除北京地区有地震记载，尚有宣府、蓟镇、新安、容城地震。

第二，考察对辽宁省境内州县的影响。

辽宁省内主要是对辽阳、开原、广宁的影响，据《万历实录》载："（万历二十五年八月甲申）辽阳、开原、广宁等卫俱震，地裂涌水，三日

乃止。宣府、蓟镇等处俱震，次日复震。蒲州池塘无风生波，涌溢三四天。"（《万历实录》卷三一三，第4页，苏本第6页）

第三，考察对山东诸州县之影响。

对山东省内影响的州县如下：潍县（今潍坊市）临淄、昌邑、广饶、即墨、博平、恩县等。

据《万历实录》载："（万历二十五年八月甲申）山东潍县、昌邑、乐安（今广饶）、即墨皆震。临淄县不雨濠水忽涨，南北相向而斗。又夏庄大湾，忽见潮起，随聚随开，聚则丈余，开则见底，乐安小清河水逆涌流，临清砖板二闸无风起大浪。"（《万历实录》卷三一三，第415页，苏本第6页）

又据《恩县志》载："万历二十五年八月，地震如前。"〔（明）孙居相《恩县志》卷五，雍正元年重刻，万历二十六年本〕《博平志》载："（万历）丁酉二十五年八月地震。"〔（清）胡德琳：《东昌府志》卷三，乾隆四十二年刊本〕

第四，考察对河南省境内诸州县之影响：主要对滑县和杞县的影响。

据《滑县志》载："（万历二十五年秋八月甲申地震，水溢，诸乡村水俱溢。"〔（清）王鼐《滑县志》卷四，顺治十一年刊本〕

而河南杞县亦有地震记载：《杞乘》载："（万历二十五年）八月地震，水溢。"〔（明）马应龙《杞乘》卷二，万历二十七年刊本〕

第五，考察对江苏省境内各县之影响：主要对沛县和涟水的影响。

据江苏沛县的《沛县志》载："（万历）二十五年八月二十六日地震水涌，自二十六日至二十八日，连三日地震，城内外诸水皆旋长旋消，若潮汐。"〔（明）罗士学：《沛县志》卷一，万历二十五年刊本〕

按：康熙《徐州志》作：二十五年八月，沛县凡三、四（次）地震。乾隆《徐州府志》作：八月，沛县地震。九月复震。

据明代人撰写的《淮安府志》载："（万历）二十五年八月二十六日辰

时，安东地震。二十七日申时又震。"［（明）宋祖舜：《淮安县志》卷二四，天启六年修，顺治六年刊本］

　　按：安东即今江苏涟水，明代属淮安府辖。

　　又据《安东县志》载："万历二十五年八月二十六日辰时地震，河渠水翻，房栋皆摇。"［（清）余光祖：《安东县志》卷一五，雍正五年刊本］

　　关于此次渤海大地震的震中位置，据国家地震局地球物理研究所测定：在北纬 38.5°，东经 119.5°。其震级约为 $7\frac{1}{2}$ 级，烈度为 8.5 度左右。

1616年
河北赤城地震

明神宗万历四十四年八月戊辰（三十日），即公历1616年10月10日，怀来、延庆、柳沟、土木堡、下北路、滴水崖等地地震。据《新续宣府志》载："前得怀来城八月晦日戊辰地震之报，已为可异，不谓九月初八日接怀来道详文，又有本月初三日辛未，初六日甲戌复于各处原动地方连震之至再且三，念春秋二百四十二年之间，书日食者三十六，地震者五，今自念八至初六，仅九日，而地震者四……今东路怀来、延庆、柳沟、土木（堡）及下北路、滴水（崖）各处，连州俱动，而且不止。"[（清）姜际隆：《新续宣府志》不分卷，康熙十二抄本，无页码]

注：明代怀来卫，治今河北怀来东南旧怀来，今在官厅水库中；延庆卫、柳沟营，在今河北赤城西南龙关；土木堡，在今河北怀来东南土木；下北路，即龙门卫，治今河北赤城西南龙关；滴水崖，今河北赤城东南80里。

又注：柳沟在延庆县城东南15里，土木堡在延庆县西南25里。

据《万历实录》载："（万历四十四年八月）戊辰，延庆州地震，日中有黑光。"[《万历实录》卷五四八，第6页]

《怀来县志》载："（万历四十八年八月晦）（怀来）地震，九月初三日，

初六两日复震。"〔（清）朱乃恭修，席之瓒撰：《怀来县志》卷四，灾祥，光绪八年刻本，第16页〕

又据《新续宣府志》载："抵南山道中，骤闪滴水崖地动之先一日，巳时，日中出黑光一道，直射南山，至次日丑时，地震若雷，山腰轰动，堵墙毁折，变出异常。"（姜际隆：《新续宣府志》不分卷；汪道亨：《上谷滴水崖镇星记铭》。康熙十二年抄本。藏北京图书馆）

据以上赤城滴水崖"山腰轰动，堵墙毁折"的震情，地震烈度为6度，震级为5级。因此，震中位置确定在赤城东，具体在北纬40.9°，东经116.0°。对北京城区估计有震感，但没有查到原始史料。当然，延庆亦属北京地区的一部分，延庆在上述典籍中有地震记录。

*1618*年
河北蔚县大地震

　　明万历四十六年九月三十日，即公历 1618 年 11 月 16 日，在河北蔚县和山西广灵间爆发大地震。

　　据河北《蔚州志》载："（万历）四十六年九月地震，官民庐舍，多至圮毁。"［（清）李英：《蔚州志》卷上，顺治十六年刊本］

　　又据山西《广灵县志》载："（万历）四十六年九月，官民庐舍圮。"［（清）王五鼎:《广灵县志》卷一，康熙二十四年刊本］

　　笔者查得，此年九月三十日，今河北保定市、易县、定兴、望都、任丘、涞水、唐县、河间、肃宁、景县以及紫荆关、马水口、沿河、天津市等地十多处均地震。《万历实录》载："（万历四十六年十月甲申）保定巡抚靳于中奏：九月三十日，易州（今河北易县）、庆都（今河北望都）、定兴、清苑（今河北保定市）、涞水、唐县、河间、任丘、景州（今河北景县）、肃宁等州县及紫荆关（今河北易县西北紫荆关）、马水口（今河北涞水西北）、沿河（今北京市昌平区西南沿河城）、天津卫（治今天津市）等处，同日地震，有声如雷。"（《万历实录》卷五七五，第 10—11 页）

　　笔者又查得，同日京师、畿辅以及山西州县许多地方同日地震。《明史·五行志》载:"（万历四十六年）九月乙卯（卅日），京师地再震。畿辅、山西州县十有七，及紫荆关、马水、沿河二口、偏头、神池同日皆震。"（《明史·五行志》，中华书局点校本1974年版，第503页）又据《万历实录》载:"山西巡抚陈所学奏：代州（治今代县）、五台县、保德州（治今保德）、偏头（今山西偏关）、神池、阳曲（今太原市）、寿阳、太原（今太原西南亚源）、盂县各拟九月二十九、三十日，同时地震有声。"（《万历实录》卷五七五，第9页）

根据以上史实，笔者认为河北蔚县和山西东部之广灵县之间，是此次大地震之震中，因为有关地震情况表明，这两县之间造成"官民房舍，多至圮毁"。破坏达到官民房舍多圮毁，震级应在6级左右，震中烈度当在7—8度。具体震中位置在北纬39.8°，东经114.5°。

关于此次大地震的范围（见下图），从有文字记载的县市看，极震区

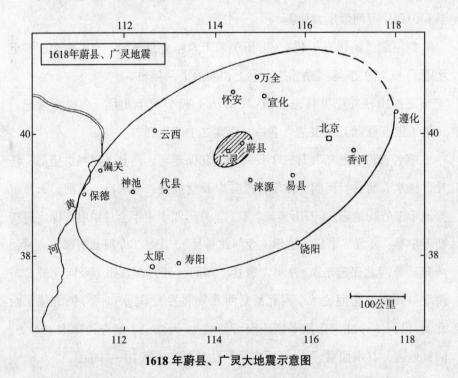

1618年蔚县、广灵大地震示意图

注：图摘自国家地震局地球物理研究所编《北京及邻区地震目录汇编》，第9页。

为河北蔚县和山西广灵。地震有感区从蔚县和广灵两县的四周扩散,形成东北、西南较长,西北、东南较短的椭圆形地区,东北、西南长约700公里,西北、东南长约350公里,包括如下县市:

代县、五台县、保德县、偏关、神池、太原市、盂县、寿阳、云西(左云东北)、涞源、阳原、北京、易县、定兴县、望都县、保定市、涞水县、唐县、河间县、任丘县、景县、肃宁县、天津市、沿河口,还有延庆、龙关、香河、遵化、饶阳、怀安、宣化、安新、安次、容城、万全等县均震。

*1621*年
河北永清·武清地震

明天启元年二月，即公历 1621 年 3 月，河北武清·永清发生地震。

据《康熙永清县志》载："天启元年二月地震，自寅至辰，城垛半颓，民居倾坏。"[（清）万一鼐修，乔寓等撰：《康熙永清县志》卷一，康熙十五年刻本，第 3 页]

据《武清县志》载："天启元年二月地震，自寅至辰，东南城垛震落，屋壁半颓，间有压死者。"[（民国）吴翀修，曹涵等撰：《武清县志》（一册本），民国二十八年王文林重印铅本，第 87 页]

又据《中国地震简目》载："（永清、武清地震），震中在北纬 39.4°，东经 116.8°，震级 5.5 度，震中烈度 7 度。"（国家地震局编：《中国地震简目》，地震出版社 1977 年 11 月版，第 8 页）

笔者综上史实，特别是永清、武清两县县志载地震："城垛半颓，民居倾坏"、"城垛震落，屋壁半颓，间有压死者"，说明此次地震烈度为 7 度，相应的震级应为 5.5 级。震中位置在永清和武清之间。具体地点在北纬 39.4°，东经 116.8°。这次地震是破坏性地震，但周围影响范围不大，除永清、武清两县有地震记录，周围其他县没有留下地震记载。

1624 年 4 月
河北滦县地震

明天启四年二月三十日，即公历 1624 年 4 月 17 日，河北滦县、京师（今北京市）、顺天府（治大兴、宛平、今属北京市）、永平府（治卢龙，今河北卢龙）、保定府（治清苑，今河北保定市）、河间府（治河间，今河北河间）、真定府（治真定，今河北正定）等地发生地震。

据《滦州志》载："（天启四年）地大震四十余日，坏庐舍无数，地裂出水、火、竹、木各异物。"〔（清）孙宗元：《滦州志》卷二，康熙十二年抄本，藏北京图书馆〕

据《国榷》载："（天启四年二月），甲寅辰刻，京师（即北京）及顺（顺天府，治大兴、宛平）、永（即永平府，治卢龙，今河北卢龙）、保（即保定府，今河北保定市）、河（即河间府，今河北河间）、真定（即今河北正定）地震。宫殿摇动有声，铜缸之水涌波震荡。乐亭旧铺庄地裂多穴，涌水尺余，色黑。"（《国榷》卷八六）

《明史》载："（天启四年二月），甲寅，乐亭地裂，涌黑水，高尺余。京师地震，宫殿动摇有声，铜缸之水，腾波震荡。"（《明史·五行志》）

又据明代当朝的宫廷太监刘若愚著《酌中志》载："天启四年二月三十

日辰时，成妃李娘娘诞生皇第二女，是时也，地大震，宫中殿宇摇撼有声，铜缸、木桶之水涌波震荡，坐立者皆骨软如醉。乾清宫大殿藻井内所悬圆镜东、西、南、北震动不定，如铎舌焉。"[（明）刘若愚：《酌中志》卷一五（海山仙馆丛书）]

另外，清人计六奇著《明季北略》说："（天启四年）二月卅日巳时，北京地震，自西北至东南，有声如雷，未、申时又震二次。"（计六奇：《明季北略》卷二）

以上大量史实，足以证明它的破坏程度和地震影响之大。

此次大地震的震中在河北滦县（明代称滦州），该县志载："地大震四十余日，坏庐舍无数，地裂出水。"[（清）孙宗元：《滦州志》卷二，康熙十二年钞本。藏北京图书馆]说明破坏程度相当严重，足以认定是震中，具体位置在北纬39.7°，东经118.7°。

此次大地震破坏区较大，地震学上称"极震区"，就是围绕震中周围的严重破坏地区。据史载，除了滦县外，围绕滦县，还有迁安、卢龙和乐亭等地，均有破坏性灾情。如《迁安县志》载："（天启）四年春二月甲寅地震，声如巨雷，一日数次。塌坏城垣民舍无数，连震数十日不止。"[（清）张一谔：《迁安县志》卷三，康熙十八年刊本]《卢龙县志》载："天启四年春二月地震四十余日，倾官舍民居甚多。"[（清）卫立鼎：《卢龙县志》卷二，康熙十九年增补顺治十年本]《明史·五行志》说："（天启四年二月）甲寅，乐亭地裂，涌黑水，高尺余。"

本次大地震根据破坏情况，定其烈度为8度，震级为6.5级。

本次大地震的有感位范围很大，有北京市、天津市、河北省的安次、武清、正定、保定市、河间、昌黎、遵化、玉田、山海关等，还有山东省的临邑、德平、无棣、惠民等县均有震感。其中北京市的震荡最大，如前文引用明朝皇宫太监刘若愚所记："天启四年二月三十日辰时，成妃李娘娘诞生皇第二女，是时也，地大震，宫中殿宇摇撼有声，铜缸、木桶之水涌波震荡。"[刘若愚:《酌中志》卷一五（海山仙馆丛书）]地震惊动了皇宫，震惊了朝野。

天津市:《石隐园藏稿》载:"（天启四年二月三十日）地中轰然有声，民房倾颓。"[（清）毕自严:《石隐园藏稿》卷五，康熙年间刻本]

河北省诸县地震记载如下:

安次:"天启四年二月三十日辰巳时地震，至申时又震，从乾地起，有声。"[（清）李大章:《东安县志》卷一，康熙十六年刊本]

武清:"（天启四年）二月三十日巳时地震，自乾至巽。未时复震，倒塌城堞□处，墙垣、房屋十余间，压死岁贡蒋舜臣幼男一人。"（毕自严:《饷抚疏草》卷二）

正定、保定市、河间:"（天启四年二月）甲寅辰刻，京师及顺、永、保、河、真定地震。"（《国榷》卷八六）

按:保，即保定市;河，即河间;真定，即正定。

昌黎:"天启四年春二月地震。"（王曰翼:《昌黎县志》卷一，康熙十三年刊本）

另外，山东省诸县地震记载如下:

临邑:"天启四年二月三十日，邑地震。"（陈起凤:《临邑县志》卷一四，顺治九年增刊万历本）

德平:"天启四年二月三十日地震。"（戴王缙:《德平县志》卷三，康熙十二年刊本）

无棣（原为海丰）:"天启四年二月三十日辰末，地震有声。"（胡公著:《海丰县志》卷四，康熙九年刊本）

惠民（原名武定州）:"（天启）四年二月地震二次。三月又震。"[（明）王永积:《武定州志》卷一一，崇祯十二年刊本]

按:乾隆《武定州志》、《惠民县志》均记有此次地震。

此次大地震，还形成余震。自天启四年三月丙辰（初二）、戊午（初四）、庚申（初六），即1624年4月19日、21日、23日（见下图）。据《明史》载："（天启四年二月）甲寅，乐亭地裂，涌黑水，高尺余。京师地震，宫殿动摇有声，铜缸之水腾波震荡。三月丙辰，戊午又震，庚申又震者三。"（《明史·五行志》）

不仅北京、乐亭有多次余震，河北省的东光、大城、景县、沧州、玉田、遵化，山东的惠民，山西的栖霞县、盂县、忻县均有地震之余震记载（见以上各县县志）。

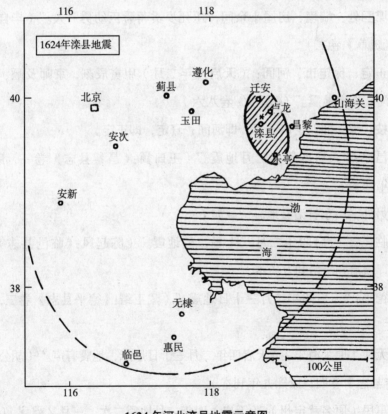

1624年河北滦县地震示意图

注：图摘自国家地震局地球物理研究所编《北京及邻区地震目录汇编》，第10页。

90

1624年7月 保定地震

明熹宗天启四年六月丁亥（初五日），即公历 1624 年 7 月 19 日，保定地震。

据《明史》载："（天启四年）六月丁亥，保定地震，坏城郭，伤人畜。"（《明史·五行志》，中华书局点校本 1974 年版，第 504 页；又见《天启实录》卷四三，第 8 页）

又据《明季北略》载："（天启四年）六月初五日，保定各州县地震，有声如雷，城墙倾倒，打死人口无数。"（计六奇：《明季北略》卷二，康熙十年都城琉璃厂半松居士排字本，第 55 页）

按：保定府治清苑，辖满城、安肃、定兴、新城、雄县、容城、唐县、庆都、博野、蠡县、完县、祁州、深泽、束鹿、安州、高阳、新安、易州（今易县）、涞水，以上诸县今均属河北省。

根据地震破坏情况，此次地震震中烈度为 7 度，震级为 5.5 级。震中当在保定。

保定这次地震影响到北京，甚至影响到明朝皇宫——乾清宫。据孙之驿著《二申野录》载："（天启四年）六月，京师（即北京）一日三震，乾清宫之震尤甚。"（孙之骤：《二申野录》卷七，清光绪二十八年吟香馆梓版，第9—11页）《光绪顺天府志》亦载："（天启四年）六月，京师大雨雹，六科廊灾，京师一日三震，乾清宫之震尤甚。"（洪良品撰，缪荃孙辑：《光绪顺天府志》卷六十九，故事志五，祥异，第28页）这些充分证明，保定破坏性地震对北京影响之大，惊动皇室，大臣惶惶不可终日。

本次地震震中的具体位置在北纬38.8°，东经115.5°。

1625年4月
河北沧县地震

明朝天启五年三月，即公历1625年4月，河北沧县（今沧州市）地震。据《沧县志》载："天启五年乙丑三月，沧州地震，民屋有倒塌者。"（张坪：《沧县志》卷一六，民国二十二年刊本）

按：今河北沧州市，明代称沧县。

关于此次地震造成沧州民屋倒塌，说明构成破坏惨状，属于比较大的地震，虽然其他资料不多，破坏性记载也不具体，仅说"民屋有倒塌"。所以震中烈度在6度左右，震级为5级。

震中自然在沧州市，具体震中位置在北纬38.3°，东经116.8°。

另外，本次地震波及到东光和景县。据《东光县志》载："天启五年三月夜地大震，物皆动，犬惊皆吠。"（白为瑊：《东光县志》卷一，康熙三十二年刊本）

《景县志》载："天启四年三月地震，五年三月复震，屋宇振撼。"（耿兆栋：《景县志》卷一四，民国二十一年刊本）

*1626*年5月30日
北京地震与北京王恭厂灾

385 年前，即明熹宗天启六年五月初六日，即公历 1626 年 5 月 30 日，北京城发生了一起历史上从未见到的特大灾变——王恭厂火药大爆炸。灾变的中心在京城西南隅王恭厂（即今宣武门西北光彩胡同和永宁胡同）一带。那一天，天气晴朗，正当近午时刻，突然，"有声如吼"，从城东北方移向城西南角，随即地面上"灰气涌起，屋宇动荡"。接着，忽然"大震一声，天崩地塌，昏黑如夜，万室平沉，东自顺城门（即宣武门）大街，北至刑部街，长三四里，周围十三里，尽为齑粉，屋以数万计，人以万计。王恭厂一带糜烂尤甚，僵死层叠，秽气熏天，瓦砾盈空而下，无从辨别街道门户。伤心惨目，笔所难述"。[《天变邸抄》，（清）张海鹏辑：《借月山房丛书》，嘉庆七年刊本]北京城内，"屋宇无不震裂"[《天变邸抄》，（清）张海鹏辑：《借月山房丛书》，嘉庆七年刊本]，突变中心王恭厂一带房屋尽皆倾圮。据明廷官方统计，城内共"塌房一万九百三十余间，压死男妇五百三十七名"。[《天变邸抄》，（清）张海鹏辑：《借月山房丛书》，嘉庆七年刊本]其实，"五百三十七名"被压死，这个数字肯定不准确，只是官方为了稳定人心，希图缩小死亡人数罢了。《明季北略》指出："死人

两万余。"(《明季北略》卷三)《先拨志始》载:"男妇死者以数万计。"(文秉:《先拨志始》卷下)

这次巨大突变破坏性极强,震惊整个明廷朝野,连天启皇帝的性命也差一点儿断送。当地震发生时,"方在乾清宫用膳"的明熹宗朱由校吓得慌忙扔下杯箸,"急奔交泰殿","内侍俱不及随,止一近侍掖之而行。"[《天变邸抄》,(清)张海鹏辑:《借月山房丛书》,嘉庆七年刊本]当他跑到建极殿(清代改称保和殿,今仍称保和殿)时,恰巧殿上的鸳瓦飞下,扶掖他的那个近侍脑袋被击裂,当场毙命。灾变使"乾清宫御座御案俱翻倒"。吓得皇帝朱由检面如土色,无所适从。正在大殿施工的工匠们,从脚手架上震落下来,"约有二千人俱成肉袋。"[《天变邸抄》,(清)张海鹏辑:《借月山房丛书》,嘉庆七年刊本]

这次巨大灾变,不仅造成极大的人员杀伤和物质损失,而且在当时产生了极为强烈的政治影响。处于内外交困的明王朝,本来就岌岌可危,灾变发生时,朝野震动,上下汹汹,"上警九朝列祖,下致中外骇然",认为是"熹宗登极以来,天灾地变,物怪人妖,无不叠见,未有若斯之甚者"[(清)计六奇:《明季北略》卷二,中华书局点校本1986年6月版,第76页],惊叹为"古今未有之变"。一时,力图振兴明王朝、力挽残局的朝臣们纷纷上章,有的指评权臣和宦官专权,致遭天谴;有的认为是"上天示儆",要求皇帝自责"修省"。逼得朱由检终日"饮食惶惶,悚悚危惧",不得不下诏"罪己",并"亲诣太庙,恭行慰问礼",要求"中外大小臣工,俱各素服角带,务要竭虔洗心办事","痛加修省",还下令"停刑","禁屠","恪其职业,共事消弭"。[(明)沈国元:《两朝从信录》卷三十]

此外,有许多明廷的官吏及家眷,在这次大爆炸中死伤。如:"御史何廷枢、潘云翼被震死。"[(清)计六奇:《明季北略》(上)卷二,中华书局点校本1986年6月版,第74页]"何廷枢全家覆入土中,长班俱死。屯院内书办等持锹镢,立瓦砾土,呼曰:'底下有人可答应!'忽应声:'救我！'诸人问曰：'你是谁？'曰：'我是小二姐。'书办知是本官之爱妾，急救出，身无寸缕，书办脱大裰裹之，身无裙裤，骑驴而去，不知所之。"[（清）计六奇：《明季北略》（上）卷二，中华书局点校本1986年6月版，第74页]

王恭厂大爆炸时，明廷郎中潘云翼母居后房，日持斋诵佛。雷火时，抱一铜佛跪于中庭其房片瓦不动，得生。前房十妾，俱压重土之下。[计六奇：《明季北略》（上）卷二，中华书局点校本1986年6月版，第74页]（注：《颂天胪笔》云：抱佛者云翼之妻，非母也。）笔者认为，不论是其母，还是其妻，抱佛者得生，是偶然的情况，后房未倒塌而侥幸活下来，并非迷信之故。而前房十妾，就因巨大震动房屋倒塌而压在重土之下丧生。另外，"一部官家眷"，王恭厂灾时，"因天黑地动，椅桌倾翻，妻妾仆地，乱相击触。逾时，天渐明，俱蓬跣泥面，若病若鬼。"[计六奇：《明季北略》（上）卷二，中华书局点校本1986年4月版，第74页]可见人们在地震时狼狈不堪到何种程度。

王恭厂巨灾发生后，当时明廷的官方邸报——《天变邸抄》对于这场大灾难的惨景做了如下记述："绍兴周吏弟到京才两日，从菜市口遇六人，拜揖尚未定，头或飞去，其六人无恙。"[《天变邸抄》，（清）张海鹏辑：《借月山房丛书》，嘉庆七年刊本]

"长安街空中飞堕人头，或眉毛或鼻（子），或连一额，纷纷而下。大木飞至密云。石驸马街有大石狮子，重五千斤，数百人移之不动，从空飞出顺城门（今宣武门）外。"[《天变邸抄》，（清）张海鹏辑：《借月山房丛书》，嘉庆七年刊本]（注：顺城门即元代"顺承门"，明代虽改称"宣武门"，但有时同用。"承"讹写成"城"，音同。）

"震崩后，有报红绅丝衣等俱飘至西山，大半挂于树梢。昌平州教场中衣服成堆，首饰银钱器皿，无所不有。"[《天变邸抄》，（清）张海鹏辑：《借月山房丛书》，嘉庆七年刊本]这种情况，明廷户部张凤达使长班往验，果然如是。

由此可见，这场巨大灾变，竟使大木飞至密云，重达五千斤的大石狮从空中飞出宣武门外。王恭厂火药库爆炸之威力，何等惊人！造成的损失是多么惨重！大地震后必然出现了巨大的狂风，将内城的衣物刮向西山，将衣服、金银首饰飘到易平教场中。

总之，王恭厂巨灾，经初步统计，在北京有记载的破坏地点如下：王恭厂及其周围破坏最为严重，东自肖家桥，西至城隍庙，南自顺城门（今宣武门），北至刑部街。另一说，"东自肖家桥，西至平子街（今阜成门）、城隍庙，南自顺城门（今宣武门）"，"摇动城墙戍楼，擎起砖瓦半天复从空中飞如雨点打下，压死男女老幼有万人，驴马尽行伤死，若死尸枕藉街衢，俱裸形，焦头烂额，四肢不全者甚多，男子尚有单裈（裤），妇人皆无寸缕掩羞，至婴孩若韲粉矣！惨不忍见闻！"[（明）朱长祚：《玉镜新谭》卷六，第6—7页]以王恭厂爆炸地区为核心，破坏和损失最为惨重，这是第一方面。

第二，这次巨灾使皇城内破坏的地方如下：

建极殿（清改称保和殿）、乾清宫、菜市口、长安街、石驸马大街、后宰门、哈达门（今崇文门）、东城、都城隍庙、园洪寺（注：原寺毁于此灾，今洪园寺街即其寺遗址，在王恭厂西）、承恩寺（毁于此灾，遗址在王恭厂东）、石镫奄（此灾使其变为灰烬，遗址在王恭厂南）、真如寺（受到破坏，未全圮，清初犹存，在今头发胡同内）、象房（倾圮，在新华通讯社一带）、保安寺（在王恭厂西北约300米处，在今保安寺街）、天仙庵（在王恭厂西南，南闹市口南，今存天仙胡同之名）、报子街（王恭厂北500米处）、刑部街（在王恭厂东北，今民族文化宫一带）、德胜门外等。

第三，此灾对北京近郊、远郊及其周围造成破坏的有：

西山、昌平、密云、张家湾、河西务、通州等。正如《天变邸抄》指出："震声南自河西务，东自通州，北自密云、昌平，告变相同。"[（清）计六奇：《明季北略》卷二，中华书局1984年6月版，第73页]甚至远距北京城数百里之外的宣化、大同、云中广灵县（山西东部）以及天津三卫，也同时发生剧烈的震动。据《罪惟录》载：（天启六年五月初六日）蓟门地震，云中广灵县为甚……京师地震。天津三卫、宣（化）大（同）同日地震。"（查继佐：《罪惟录》卷三，第32页，四部丛刊三编本）据《蓟州志》载："熹宗天启六年丙寅五月初六日地震。"（张朝琮：《蓟州志》卷一，第24页，康熙四十三年刊本）《明史稿》亦载："（天启六年五月戊申）是日蓟州地震，密云连震三日。"（王鸿绪：《明史稿》，本纪卷十七，第9页，清敬慎堂刊本。）又《天启佚史》说："天启丙寅六年五月，王恭厂灾，自宣武门一带地暴震，官民房屋皆倒，压死者甚众……丰润等县治树上各挂男妇衣服无算。"（《天启佚史》卷三）证明王恭厂之灾祸已殃及丰润县。以上大量事实证明，此次地震不仅局限于北京，范围包括华北地区大部分及渤海一带。

王恭厂巨灾是发生在三百八十多年前的历史事实，这一点没有任何人否定，而且历史文献有详尽的记载。但究竟是什么原因造成的这次巨灾，历史上就众说纷纭。有人认为是"上天示警"，有人说是"奸细破坏"，还有人认为是"火药库不戒自焚"。现代史学界和其他学术界有人认为是火山爆发引起的，有人认为是"地下强暴"引起的，有人认为是天空陨石落到北京王恭厂火药库引起的，有人认为是"不明物体的大爆炸"。还有人认为是"UFO"（飞碟）引起的。当然，也有不少人认为是地震引起的，属于地震引起说的学者意见也不完全一致，有人认为王恭厂灾是1626年山西东部灵丘县地震的前震，有人则认为是河北蓟县地震引起的。笔者认为，王恭厂巨灾是由北京地区的地震引起的火药库大爆炸，大爆炸引起了大破坏并形成龙卷风，致使王恭厂及其周围造成巨灾和奇特现象，又掩盖了北京地区当时确曾发生地震的历史事实。

天启六年五月六日（1626 年 5 月 30 日）北京地区及其周围，是一次由前兆、前震、主震和余震四阶段组成的强烈地震过程。

第一，前兆。地震前，往往出现旱象、动物反常、地光和地声。据陈建著《皇明通纪》卷二十六载："（天启六年五月初二日巳时）内阁传与礼部，圣谕：今岁以来，风霾屡作，旱魃为灾，禾麦皆枯。"五月初一日，"后宰门火神庙红球滚出。"（吴伟业：《绥寇纪略》卷十二）五月初二日，前门城楼角，荧光如轮，此事在《天变邸抄》、《绥寇纪略》、《国榷》和《帝京景物略》等书中均有记载。"五月初三日云气又现于东北方，形如，其色红赤。初四日又见（现），类如意，其色黑"。这些现象充分反映出震前气候异常。

第二，动物反常。据吴伟业《绥寇纪略》载：在北京前门城楼上，聚萤火虫数千只，"俄而合并，大如车轮"。（张海鹏辑：《借月山房丛书》第六函《天变邸抄》）更为奇异的是，五月初六日地震前，"京师鬼车鸟昼夜叫及月余，其声甚哀，更聚鸣于观象台。"（张海鹏辑：《借月山房丛书》第六函《天变邸抄》）

第三，地声出现。王恭厂爆炸的瞬间，北京地区较大范围出现怪声。《天变邸抄》载："天启丙寅五月初六巳时，天色皎洁，忽有声如吼，从东北方渐至"，"震声南至河西务，东自通州，北自昌平、密云，告变相同。"（张海鹏辑：《借月山房丛书》第六函《天变邸抄》）当时明朝钦天监周司历奏曰："五月初六巳时，地鸣，声如霹雳，从东北艮位上来，行至西南方。"《明史·五行志》记："王恭厂灾，地中霹雳声不断。"可见，这些文献记载都说先听到怪声，后感发震，最后才是王恭厂爆炸。传来声音之方向由东北至西南，可理解为由小到大、由远到近、由东北向西南方向传播。联系其他征兆，笔者认为是地震临震前的地声。

第四，地光辐射。王恭厂灾之前，据《帝京景物略》记，"北安门内侍忽闻粗细乐先后过者三，惊而迹甚声，忽如火球，滚于上空，众方仰瞻，西南部街震声发矣。望其光气、乱丝者，海潮头者，黑灵芝者，起冲天，王恭厂灾也。"（刘侗、于奕正：《帝京景物略》卷一）据这场灾变的目击者、王恭厂撮火药人员吴二证实："（地震之前）但见飙风一道，内有火光，致将满厂药罈烧发，同作三十余人，尽被烧死。"（张海鹏辑：《借月山房丛书》第六函《天变邸抄》）足见地震前是发出了地光、地火的，甚至说明王恭厂药罈是地火烧发的，这才引起了王恭厂火药库的大爆炸。

第五，大地震的爆发。天启六年五月六日前几天，虽然北京城没有地震记载，但在北京外围诸县，地震记载不少，如定兴县、饶阳县就有地震，可视为北京地震之前震。"天启丙寅五月初六日巳时，天色皎洁，忽有声如吼，从东北方渐至京城西南角，灰气涌起，屋宇动。"（张海鹏辑：《借月山房丛书》第六函《天变邸抄》）就在1626年5月30日那天，本来天气晴朗，忽然出现地声，"有声如吼"，方向由东北走向西南，地面上涌起了灰尘，不久，"大震一声"，造成巨大破坏，王恭厂周围十几里"尽为齑粉"。距王恭厂七八里的皇宫也遭到很严重的破坏。不仅城内的石驸马大街、泊子街、园宏寺街、承恩寺街、菜市口等处破坏严重，连北京郊县的昌平、密云、通州、河西务等地也受到不同程度的破坏。目击者吴二说，他见到火光之后，"满厂药罈烧发"，说明是地震的地火将火药罈烧发的，火药罈烧发必然出现巨大的爆炸，将整个王恭厂炸得粉碎。所以说，王恭厂灾是大地震之后发生的，只是这个大地震发生与王恭厂火药库爆炸之间的时间极为短暂，或者说是一瞬间。但不管多么短暂，王恭厂火药库是由地震诱发了"火药库"的爆炸。而王恭厂火药库的巨大爆炸以及由此造成的罕见的骇人听闻的损失又掩盖了地震这一历史事实。

总之，1626年5月30日北京发生地震，并诱发了王恭厂火药库大爆炸。这个曾经是中国历史上三百八十多年的历史悬案。经过本人多年的潜心研究，在 1986 年 5 月 30 日，正好是王恭厂灾变三百六十周年纪念日，由北京地质学会、国家地震局地质研究所、国家地震局分析预报中心等 21 个单位发起的《1626 年北京地区特大灾异综合研究学术讨论会》上，本人发表了论文，解开了王恭厂巨灾之谜，认为是地震引起王恭厂火药库大爆炸，受到与会专家学者绝大多数人的赞同，成为会议的主流观点，解开了中国历史上三百八十年来的悬案。

*1626*年6月
山西灵丘大地震

　　明熹宗天启六年六月五日，即公历1626年6月28日，北京、山东的济南府和东昌府、河南、河北、天津、山西的广大地区发生大地震。

　　据《天启实录》载："（天启六年六月）丙子寅时，京师地震，阁臣顾秉谦等上疏，恭候圣安。是日，天津三卫、宣大俱连震数十次，倒压死伤更惨，山东济（南）、东（昌）二府，河南一州六县俱震。"（《天启实录》卷七二，第6页；苏本卷六七，第6页）

　　《明史·五行志》亦载："（天启）六年六月丙子，京师地震。济南、东昌及河南一州六县同日震。天津三卫、宣府大同俱数十震，死伤惨甚。山西灵丘昼夜数震，月余方止，城郭庐舍并摧，压死人民无算。"（《明史·五行志》，中华书局点校本1974年版，第504页）

　　按：京师，今北京市；山东济南府，治历城，今济南市；东昌府，治聊城；天津卫，今天津市；宣府，今河北宣化；大同，今山西大同市。

　　关于该次大地震的震中，笔者认为虽然河北宣府、天津、山西大同有破坏记载，亦均有人员伤亡，但还不是震中。震中应该是山西的灵丘，因为灵丘死伤破坏灾情更重，如上面所说："山西灵丘昼夜数震，月余方止，城郭庐舍并摧，压死人民无算。"这里说灵丘县压死人民"无算"，在另外的典籍中，对灵丘死伤人数有明确记载，如《天启实录》载："宣大总督张朴疏言：灵丘县从六月初五日丑时至今一月，地震不止，日夜震摇数十次，城郭庐舍已尽皆倾倒，压死居民五千二百余人，往来商贾不计其数。"（《天启实录》卷七三，第11页）《灵丘县志》载："六月地震，有声如雷，全城尽塌，官民庐舍无一存者，压死多人，枯井中涌水皆黑。"（岳宏誉：《灵丘县志》卷二，康熙二十三年刊本）《广昌县志》载："接壤灵丘城垣屋舍一概倾倒，压死数万人。"（刘世治：《广昌县志》，崇祯五年刊本）

以上史实指出灵丘城垣屋舍一概倾倒，压死数万人，足以证明是本次大地震之震中。具体震中位置在北纬39.4°，东经114.2°。

又据灵丘地裂，城关尽塌，官民房全倾，觉山寺圮，石牌坊颓毁，枯井涌黑水。压死五千二百余人，或压死数万人。地震月余不止，可知地震烈度为9度，震级在7级以上。

这次大地震影响四省两大市，即河北、山西、山东、河南、北京及天津市，破坏面纵长约480公里。最长地震有感记录达600余公里。大致形成东到山东济南、曲阜、惠民，西至陕西东北角，北到河北万全，南至河南北部一州六县以北，呈东西长、南北较短的椭圆形地震有感区。

9级烈度区（或称极震区）以灵丘县为中心。

8级烈度区在灵丘县以外，广灵、蔚县、涞源、平型关一带。

7级烈度区在大同、山阴、涿鹿、易县、唐县、代县一带。

6级烈度区在万全、通县、河曲一带。

（按：详见1626年灵丘地震简图）

本次大地震，有破坏记录的县市如下：

通州（今北京市通州区）

"天启六年六月初五日地震，从西北至东南，震圮民居无算。"（吴存礼：《通州志》卷一一，康熙三十六年刊本）

京师（今北京）："地震谣：六月五日地震，次日皇子薨。四更床翻如震涛，鸡未鸣，狗群嗥，卷衣起望天星高，但闻人语沸嘈嘈，狱庙沉森鬼不敢号。"（高出：《镜山庵集》卷三四，天启间刊本）

宣化、大同、天津

"京师地震，天津三卫、宣大同日震，死伤甚众。"（庄廷珑：《明史钞略》，哲皇帝本记下）大同摇塌城楼城墙二十八处。

浑源

"城垣大墙四面官墙震倒甚多。仓库，公署、军民屋舍十颓八九，压死多人。王家庄堡摇倒内外女墙及大墙二十余丈。"（金日升：《颂天胪笔》卷二一，《天启丙寅本府申文》，崇祯二年刊本）

涞源

"摇倒城墙开三大缝，东关墙垛口尽颓。"（刘世治：《广昌县志》（不分卷），崇祯五年刊本）

唐县

"民屋塌毁大半。"

怀来

坏民居。

涿鹿

坏民居。

蔚县

"城垣颓坏，官民庐舍摇毁无数，人多压死，地裂水涌。"（按：《年表》，引崇祯《蔚州志》）

本次大地震有感面很大，有记载的县如下：

山西省

山阴、寿阳、襄垣、武乡、广灵、榆社。

河北省

蓟县、大城、徐水、定兴、容城、雄县、安国、束鹿、安新、正定、平山、晋县、新乐、永年、鸡泽、邯郸、涉县、沧县（今沧州）、南皮、宁津、龙关、阳原、易县、隆尧、交河、阜城、景县（以上三县记六年夏）、曲周、河间、献县、任丘、肃宁、故城（以上六县未记月日）。

山东省

德州、平原、商河、阳信、济阳、聊城、济南、菏泽、曲阜、惠民。

河南省

一州六县（未记具体县名）。

以上四省五十几个县志均有地震记录。

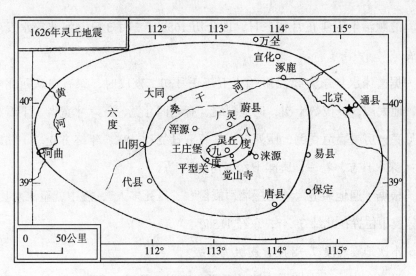

1626年灵丘地震示意图

*1658*年2月
河北涞水地震

清顺治十五年正月初二日，即公历1658年2月3日，河北涞水发生地震。

据《涞水县志》载："顺治十五年正月初二夜戌时，忽有声从西北响起，地大震，一夜数十次，遍地裂缝，有三四寸宽，五六寸宽者，下看深不见底，房屋墙垣震倒，压死多人。三五日复动一次，年终方止。"（陆宸箴：《涞水县志》卷一，康熙十六年刊本）

根据"遍地裂缝"，"房屋墙垣震倒"，"压死多人"，震中就至涞水县，具体震中位置在北纬39.4°，东经115.7°。

本次地震烈度7—8度，震级为6级。

又考，本次涞水地震，波及至河北定兴、新城、束鹿、沧州、南度、盐山等县（见以上各县县志），因为顺治十五年正月初二那一天，以上六县均有地震记载。

*1664*年4月
北京通县地震

康熙三年三月初六日，即公历 1664 年 4 月 1 日，北京通州（今通州区）地震。

据《通州志》载："康熙三年……三月初六日午时，地震，震圮旧城南门城楼。"（吴存礼修，陆茂腾撰：《通州志》卷十一，灾异，第 7 页。康熙三十六年刻本）

按照该次地震将通州旧城南门城楼震圮，震中烈度在 6 度左右，其震级约 4 级。

这次地震的震中就在通州，具体的震中位置在北纬 39.9°，东经 116.7°。本次通县地震对北京的影响不大，没有造成破坏，甚至连有感的地震记载亦没有留下来。这次通县地震对怀来卫和滦县有影响，可能正好在一个地震断裂带上。如《清史稿》载："（康熙三年三月）初三日，怀来、滦州地震。"（《清史稿·灾异志》）

*1665*年4月
北京·通州大地震

清康熙四年三月戊子（初二日），即公历 1665 年 4 月 16 日，北京发生强烈地震。

据《康熙实录》载："（康熙四年三月）戊子午刻，京师地震有声。"（《康熙实录》卷一四，第 17 页）

日本人佐伯好郎撰《支那基督教的研究》载："康熙三年……翌年，三月初二日，北京大地震，全部士民惶惶。"（[日本] 佐伯好郎：《支那基督教的研究》第三篇，第十三章，日本昭和十九年印本，第 524 页）

又据《汤若望传》记载此次北京地震的详细情况，"（康熙四年三月初二日）晨十一时，北京便起了一阵地动，摇撼宫殿与全城之建筑，由地内隆隆发出雷鸣之声。城内房屋之倒塌者，不计其数，甚至城墙亦有百处之塌陷，连拘禁汤若望牢狱之墙壁亦皆倒塌，城内多处地面裂成隙口。东堂房顶之十字，亦被震落于地。同时陡起劲风一阵，吹扫城市，地上吹起之灰尘，遮天蔽日，使北京顿成黑暗世界。……同日还又继续发生三次，在以下的三日中，每日皆发生一次。"（魏特著，杨丙辰译：《汤若望传》第二册，1738 年英译本，第 501 页）

又据《不得已》指出："（康熙四年八月初五日奉旨），钦天监事务精微紧要，即称三月初二日地震之间，（天文）简仪微陷闪裂。"（杨光先：《不得已》二卷，抄本）

综上所述，1665年4月16日在北京确实发生大地震，从《康熙实录》到多种历史名著记载了本次大地震的翔实灾情。从北京城内房屋之倒塌者不计其数，甚至城墙亦有百处之塌陷，城内多处地面裂成隙口，以及北京"天文简仪微陷闪裂"，震中就在北京。地震烈度约8度，震级为6级，震中位置在北纬39.9°，东经116.7°。

这次地震使顺义、通县、潞县造成破坏。

据《顺义县志》载："康熙四年三月初二日午时，地震，连二次。头次有声如雷，房歪墙倒，洼地水出。二次微声。"（黄成章：《顺义县志》卷二，康熙五十八年修，五十九年刊本，第41页）

又据《通州志》载："康熙四年三月初二日巳时，地震从西北至东南，连动数十余次，通城雉堞，东西水关俱圮，民房圮三分之一，正北离城二里，地裂，阔五寸，长百余步，黑水涌出。"又载："潞县同日地震，城崩屋坏。"（吴存礼修：《通州志》卷十一，灾异，康熙三十六年刻本，第7页）

按：《通州志》载地震时间是"康熙四年三月初三日"，似比北京晚一日，但北京三月初二地震后，在此后的三天，每天地震一次。即三日、四日、五日天天有震。所以通县、潞县地震同属北京地震，因其破坏性大，通县城关及东西水关俱圮，"民房圮三分之一"，"地裂长百余步"，"黑水涌出"，"城崩屋坏"，故称为1665年4月北京·通州大地震（见下图）。

又按：潞县，在通县东南。明代时为独立的县。今废，并入通州。

这次地震有感面积很大，从各县县志及有关古代典籍查出的史料看，有以下县：

河北省

新城、玉田、卢龙、抚宁、昌黎、滦县、清县、南皮、景县、枣强、南宫、唐县、任县、安次、良乡、容城、雄县、遵化、内丘等。

山东省

阳信、无棣、济阳。

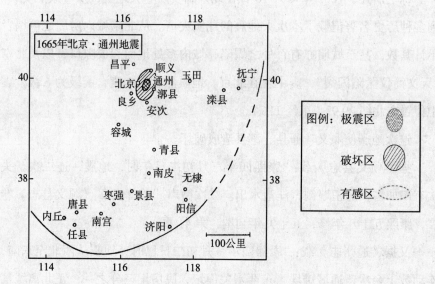

1665 年 4 月北京·通州大地震示意图

*1673*年10月
山西省天镇县地震

康熙十二年九月乙亥（初九日），即公历 1673 年 10 月 18 日，在北京地区、山西省东北部和河北省西北部诸县发生较强地震。

据《康熙实录》载："（康熙十二年九月）乙亥，京师地震。""地震京城，天心示警，请敕下大小臣工，洗心涤虑，恪共职业。""九月乙亥，上谕起居注官胡密色曰：朕适诣太皇太后宫问安，太皇太后问朕曰：顷者地动，尔知之否？……"（《康熙实录》卷四三，第 12 页）说明北京地震惊动了清朝康熙皇帝和太皇太后。

注：京师，即今北京市。

山西省东北部地震的县市有：

阳曲（今太原市）

"（康熙）十有二年秋九月地震。"（戴梦熊：《阳曲县志》卷一，康熙二十年刊本）

天镇（今山西天镇县）

"康熙十二年九月九日卯时地震，自西北起至东南止，边垣房屋塌毁甚多。"（胡元朗：《天镇县志》卷六，乾隆四年刊本）

广灵（今山西广灵县）

"（康熙）十二年九月九日地震二次有声。"（王五鼎:《广灵县志》卷一，康熙二十四年刊本）

右玉卫（今山西右玉县）

"（康熙）十二年九月九日地震有声。"（刘士铭:《朔平府志》卷一一，雍正十一年刊本）

注：雍正三年于右玉卫置翔平府，复于此置右玉县为府治。

左云卫（今山西左云县）

"（康熙）十二年九月初九日地震有声。"（侯凯、蔺炳章:《左云县志》卷一，民国石印，光绪七年增刻，嘉庆八年本）

注：雍正三年于左云卫改设为左云县。

河北省北部地震的县市有：

永清

"康熙十二年九月九日卯时地震。"（万一蕭、乔嵩:《永清县志》卷一，康熙十五年刊本）

东安（今河北安次东南，旧安次）

"康熙十二年九月初九日卯时地震。"（王士美:《东安县志》卷一，康熙十六年刊本）

通州（今北京市通州区）

"康熙十二年九月九日卯时地震。"（吴存礼:《通州志》卷一一，康熙二十六年刊本）

武清（今天津市武清西北，旧武清）

"康熙十二年九月九日卯时地震。"（邓钦桢:《武清县志》卷一，康熙十五年刊本）

卢龙（今河北卢龙）

"康熙十二年九月乙亥地震。"（董天华:《卢龙县志》卷二三，民国

二十年刊本）

昌黎

"（康熙十二年）秋九月乙亥地震。"（王曰翼：《昌黎县志》卷一，康熙十三年刊本）

阳原

"（康熙）十二年九月九日地震。"（张充国：《西宁县志》卷一，康熙五十一年刊本）

注：阳原，清初称西城，康熙三十二年置县改为西宁，今为河北阳原县。

赤城

"康熙十二年秋九月九日地震。"（孟思谊：《赤城县志》卷一，康熙十三年刊本）

注：赤城，明时称赤城堡，康熙三十二年改县。

怀安

"（康熙）十二年秋九月九日地大震。"（杨大岜：《怀安县志》卷二二，乾隆六年刊本）

注：怀安，明时称怀安卫，康熙三十二年改县。

涞源

"康熙十二年九月九日地震二次有声。"（杜登春、李我郊：《广昌县志》卷一，康熙三十年刊本）

注：涞源明时称广昌，属山西大同府，雍正十一年改属直隶省，即今河北省。

综上史料分析，尽管上述两省一市许多县有地震记录，但造成破坏的只有天镇县，地震使天镇县"边垣房屋塌毁甚多"。故笔者认为，本次地震震中在天镇县，具体震中位置在北纬40.5°，东经114.1°。按其破坏程度，震中烈度为7度，震级约为$5\frac{1}{2}$级为宜。

本次地震虽然没有给北京造成破坏，但惊动了皇帝，并命"大小臣工，洗心涤虑，恪共职业"。也惊恐了康熙大帝的奶奶太皇太后。

就本次地震的影响而论，它使山西省北部、河北省北部以及北京地区数十县市有震感，范围比较广泛。

*1678*年
河北赤城地震

康熙十七年夏，即公历 1678 年夏天，河北赤城发生地震。

据《龙门县志》载："（康熙戊午）十七年夏赵川地震，坏屋。"［（清）章焞：《龙门县志》卷二，康熙五十一年刊本］

注：赵川，属龙关县辖。龙关县，明代称龙门卫，康熙三十二年改称龙门县。民国三年改称龙关县，今属河北赤城县。

考：据龙关赵川地震，造成房屋毁坏，震中就在赤城一带，具体震中位置在北纬 40.7°，东经 115.3°。又据破坏程度，震中烈度在 6 度左右，震级为 5 级。

本次地震对周围的影响不大，其周围县没有查到地震记载。

*1679*年9月2日
康熙十八年北京大地震

　　康熙十八年七月二十八日（1679年9月2日），北京地区发生了一次特大地震。这是北京有文字记载以来最大的一次地震。据古文献载："七月二十八日巳时初刻，京师（北京）地震。自西北起，飞沙扬尘，黑气障空，不见天日。人如坐波浪中，莫不倾跌。未几，四野声如霹雳，鸟兽惊窜。是夜连震三次，平地拆开数丈。德胜门下裂一大沟，水如泉涌。官民死伤不可胜计，至有全家覆没者。二十九日午时又大震，八月初一日子时复震如前，自后时时簸荡。十三日震二次。十九至二十一日大雨三日，衢巷积水成河，民房尽行冲倒。二十五日晚又大震二次。内外官民，日则暴处，夜则露宿，不敢入室，昼夜不分，状如混沌。朝士压死者则有学士王敷治，员外王开运，总河王光裕，通冀道郝炳等。积尸如山，莫可辨认。通州城房坍塌更甚，空中有火光，四面焚烧，哭声震天，有李总兵者携眷八十七口，进都宿馆驿，俱没，止存三口。涿州、良乡等处街道震裂，黑水涌出，高三四尺。山海关，三河地方平沉为河。环绕帝都连震一月，举朝震惊。"（董含：《三冈识略》卷八，第1—2页，《京师地震》）

　　这次地震，使北京衙署、民房、宫殿、寺庙、会馆均遭破坏，倾房

12793 间，坏房 18028 间，压死人 485 人。平谷、通县、三河各类建筑房屋荡然一空，压死人更多。

据考证，此次地震震中在平谷、三河，震级 8 级，震中烈度 11 度。北京、平谷、三河属极震区，破坏最为惨重。又统计，此次地震所及范围河北、山西、陕西、辽宁、山东、河南 6 省二百多个县市，最远记录达700 公里。

一、康熙十八年北京大地震地面现象和破坏惨状

这次大地震的地面现象和地面破坏惨状，董含在其《三冈识略》中做了一些描述，但远远不够，请看以下文献记载：

"闻地震，邸扳七月二十八日庚申时加辛巳，京师地大震，声从西北来，内外城官宦军民死不计其数，大臣重伤，通州、三河尤甚，总河王光裕压死。是日，黄沙冲空，德胜门内涌黄流，天坛旁裂出黑水，古北口山裂。大震之后，昼夜长（常）动。"（顾景星：《白茅堂集》卷二十，康熙年刻本，第 31 页）

"沙土忽掀腾，跬步迷举趾。京城十万家，转盼无完垒。震荡及禁廷，摧残连堵雉。比邻哭丧亡，狼藉杂犬豕。朱门抱恐怖，何有于贱子。百虑转为消，奚遑问禄仕。庄舄叹无归，寇盗隔西珥。躯命争斯须，迅雷莫揞耳。苍茫惊寒窣，无从辨所始。阳气何黯黮，经旬犹未已。时如撄蛟龙，时如犯虎兕。如乍立危桥，四顾失何倚。如据将崩石，臬兀无生理。如寄水上萍，如身触荆杞。又如江海覆，汹汹波涛里。露处无定居，中夜凡几徙。彷徨不成寐，仓卒抛衣履。真宰意如何，神京竟若此。通州达三河，城郭尽倾圮。庄堡瓦砾多，所向无不毁。水火更为灾，白骨满渠委。毙者成丘山，存者愁卵累。恍惚戒终朝，啼号数百里。最怜畿辅地，皇居尤密迩。直疑坤轴折，相顾呼天只。"（江闿：《江辰六文集》卷九，第 13—14

页，《己未七月二十八日京师地震纪异》，康熙年刻本）"乙己三月初，即当未如是。戊申夏六月，齐鲁酷相似。甲午震陇西，弥月废村市。灾眚太频仍，往往伤生齿。全活亦苟延，偷安羡蝼。鳌足真可撑，我思女希氏。共工且罢战，山川莫流峙。我皇敬昊天，下诏重罪已（己）。叮咛戒三公，痛迫示百揆。率之以乾惕，儆之以臧否。乃出内帑金，急切苏垂死。已见天回春，星云降繁祉。尧汤弭水旱，于今见其比。"（江闿：《江辰六文集》卷九，第13—14页，《己未七月二十八日京师地震纪异》，康熙年刻本）

按：江闿，字辰六，歙人。康熙二年举人，康熙十八年举博鸿不第，此诗约作此时，时江辰六当在北京，诗中所述，当为亲身经历。诗中"乙己三月初，即当未如是"，系指康熙四年三月初二日北京地震。"戊申夏六月，齐鲁酷相似"，系指康熙七年六月十七日山东郯城莒县大地震，与这次康熙十八年七月二十八日北京、三河、平谷大地震相比，"酷相似"。"甲午震陇西，弥月废村市"，经考证，系指顺治十一年六月八日甘肃天水大地震，8级，震中烈度11度，极震区内城垣官署，民房倾圮殆尽，死7476人，倒房3672间，震塌窑砦不可胜计。波及华北各省，破坏面纵长约500公里，最远记录达600公里。江辰六在此主要记载康熙十八年北京大地震，但也对康熙四年北京地震，康熙七年山东郯城、莒县地震和顺治十一年天水大地震进行追忆和比较研究。

著名僧人释大汕的"据闻燕客说"，记下了康熙十八年北京大地震的实况：

"己未八月二十八，塞北天摇地动从来无。据闻燕客说，眼见井泉枯。平空崩倒玉瑱朱壁之银安殿，几处倾翻琉璃玓之金浮图。才说通州忽然陷，又说漏乾九曲运粮河。起止不定水与陆，经过何处不啼哭！最是宛平县惨伤，皇天后土竟翻覆。一响摧塌五城门，城中裂碎万间屋。前街后巷断炊烟，帝子（王）官民露地宿。露地宿，不足齿。万七千人屋下死，骨肉泥糊知谁是？收葬不尽暴无已（原文：已，误）。亲不顾，友不留，晨夕啾啾冤鬼愁。西门向北有劈面酸风乱滚之黄沙，东门至南有扑鼻膻水泛滥之黑沟。从彼沟上来，耳边如辗走殷雷。道旁无端裂大罅，白毛几尺飞白灰。又有几人平地立，陷如泥井张口有声看无影，十里五里饥鸟争啄。识得一尸缺足及折胫，又有臭气聚土射人毒，顷刻土积成山化成渎。山下现出水浇不着枯木柴，渎中浮起鹅胗羊肚大肘肉。噫吁嘻，何太奇。天地之变尚不能保，世人孜孜名利夫何为？说与海乡人不信，十三年来两地震。见闻坐卧神魂飞，六虚鼓点阴兵阵。几夜昏黄斗柄迷，几日高松看渐低。剩宝记得房门向，方隅不觉移东西。如此天不成天地不成地，世界翻覆等儿戏。不若锤碎补天石，踢翻星日月为魅。为人无黑无白，此生但愿不见苍生之苦厄。"（释大汕著：《离六堂集》卷十一，康熙怀古楼刻本，第9—10页）

按：释大汕作此自由诗，若从"戊申"即康熙七年算起，"十三年来两地震"，当作于康熙十九年庚申。故在此首诗中记了康熙七年和康熙十八年两次大地震。如该诗首云："戊申六月二十六"，系指康熙七年（1668 年 7 月 25 日）六月十七日山东郯城、莒县大地震，北京周边则受影响，并有文字记载。不过此首诗将把地震时间"六月十七日"误为"六月二十六日"。又"己未八月二十八"，是指康熙十八年七月二十八日北京、三河、平谷大地震，也将发震时间误为"八月二十八日"。出现这类关键性错误，系作者没有亲身经历和耳闻目睹，而是"闻燕客说"。另外，诗中对这两次大地震灾害，也赋予诗词之夸大。不过，震后的地面破坏情况还是基本属实、形象生动的。

康熙十八年北京这次大地震，"势若雷电奔，声如刀兵阗"。清朝学者尤侗在《地震纪异》一文中，描述了此次大震的可怕情况：

"孟秋日庚申，京师地忽动。势若雷电奔，声如刀兵阗，夏屋化为泥，平原裂成缝。上摧缥缈峰，下坼青虚洞。压倒排墙间，夷甫一何众。哀哉大劫临，万鬼北邙送。厥后震不止，积块疑播弄。聚族欲填街，藏身将入瓮。族人靡宁居，惊破华胥梦。又闻客星犯，日蚀月亦雾。天坠岂忧杞，石陨已书宋。方虞西北倾，非止东南空。吾观天官书，占候每奇中。阴迫不得升，阳伏不能纵。土渗无所演，原塞民乏用。是主鼎折凶，或云栋挠重。蚤蛩地多痒，钻凿地多痛。自古虽有灾，于今倍增恐。天子侧席愁，群公满堂哄。深宫累诏颁，台者连章控。小臣毫无补，虚糜大官俸。斋戒一室中，敬持寸心拱。洪范及春秋，史箴朦宜诵。应天不以文，勿问羲和仲。所望君德修，钦哉百工共。庶回上帝威，遂息下民讼。重睹三阶平，永享九州贡。愿和日华歌，并献河清颂。"（尤侗：《于京集》卷二，《地震纪异》。

注：《于京集》在《尤西堂全集》内）

我们还可以从当时任中书舍人地震发作时又在北京的王嗣槐写下的《地震纪异》，看出大地震"汹如海水飞"、"又若万马奔"、立刻造成"万灵才一呼"、"骨立魂已解"、"尸封筑京观"的恐怖场面。现摘录如下：

"拨闷强出门，局蹐靡所届。猝然地荡摇，势若立崩坏。欹仄颠我趾，目眩耳加聩。汹如海水飞，吼怒气砰砰。又若万马奔，蹂躏当溃败。祸首蓟门东，通州三河界。黑水突迸裂，流漫腥沟溃。万灵才一呼，灭顶设簪䯼。累累填秦坑，骨立魂已解。尸封筑京观，僵死犹哕嗳。谁能吮笔墨，流涕悉绘画。我脱排墙厄，盥洗加肃拜。问天胡不仁，杀物有何快。……今上大仁慈，发帑惠泽溮。技柱瓦解馀，掩胔蝇呐嗳。何尔造物者，火烈更鼓鞴。自酉迄亥月，频震不言惫……"（王嗣槐著：《桂山堂诗选》卷十一，第22—23页，《地震纪异》。

注：《桂山堂诗选》在《桂山堂文选》内）

二、北京建筑物破坏情况

康熙十八年北京大地震，对北京的各种建筑物破坏十分惨重。从清朝内务府满文红白本档、内务府满文口奏绿头牌红白本档、内务府满文呈文档、内务府满文司红本档、内务府满文奏销档、内务府营造司满文呈文档等各种原始档案查得，这次特大地震对紫禁城内外的皇家宫殿、城堞（皇城、城垣、城门楼等）、衙署、寺庙、塔、住宅以及各种会馆的破坏，有详细具体的记载，是我们研究清初地震以及清史的不可多得的宝贵史料。这些珍贵史料中，还有康熙大帝对地震的极端重视和对京城百姓官民赈灾的措施（见示意图）。本文重点将地震对北京各类建筑物的破坏情况详列于下。

1. 宫殿震坏情况

（1）养心殿

"养心殿琉璃影壁震动，座子砖脱落。东边旁小门偏歪脱落。正房抱厦柱子震动，垂脊落下。东厢房后小墙颓倒。西厢房后檐一间房瓦破裂。东配殿北山墙博缝、南头背面之琉璃砖均脱离。东环房南头背面之小门连楹折断一个，旁边墙壁震动，另一间围墙闪裂。正宫房瓦有二十五片碎裂，正宫两边水管折断，正宫天沟之红土开裂。

养心殿两边山墙、坎墙震动，东北垂脊裂缝。东环房一间接檐插步梁裂缝，铁老鹳嘴脱落。……

养心殿西外山墙微裂，内山墙墁灰剥落，殿中间北墙墙角开裂。西厢房南吻下档沟脱落两块，瓦陇夹灰。西边锯齿影壁仙人、海马堕落。西大墙之群肩墙震裂五丈余，南大墙七丈，红土片片脱落。西边中偏房水管一、天沟一、西环房后门之水管一均碎烂。西偏殿接檐之南墙墙开裂。近光右门内外琉璃，挂落砖震动。"（内务府大臣奏折，康熙十八年八月初六日。摘自内务府满文红白本档，藏于中国第一历史档案馆）

（2）永寿宫

"永寿门内外琉璃挂落，角柱砖均震动。"永寿宫北墙势将颓落。西厢房北山墙亦将颓落。东厢房两边山墙博缝砖、房脊及吻均震动，挡沟堕落两块。……

"永寿宫西厢房兽吻、铁锔子六个脱落，通脊裂开，两面山墙之群肩及坎墙震动。正殿前坎墙震动，榡花格扇、窗沿木、油分离。东西殿天花

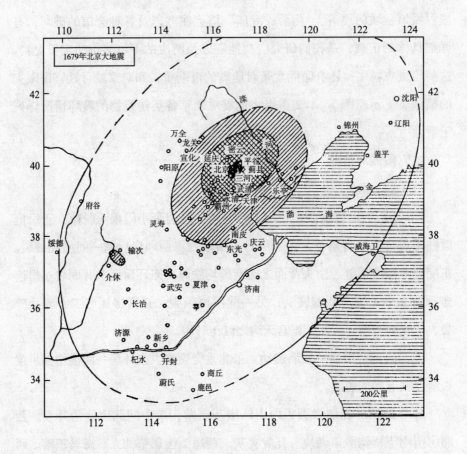

康熙十八年北京大地震（又称三河、平谷大地震）示意图

板贴梁裂缝。正殿西北角垂手脱落一个，北墙两边墙角开裂。后边两厢房之吻、通脊均震动、铁锔子有八个脱离，两边山墙之博缝微动。正殿西边吻脱落一个，垂脊震动，东边吻、通脊震动，吻之铁锔子八个、垂脊兽头一、仙人海马交个脱落。正殿西边山门墙裂缝，房内所墁的石灰片片脱落，这边前坎墙震裂，台阶震动，北墙石灰片片脱落，水隔断两面之裱糊处微裂，底正殿两边山墙博缝震动。"（内务府大臣奏折，康熙十八年八月初六日。摘自内务府满文红白本档，藏于中国第一历史档案馆）

（3）真福斋

"真福斋东厢房南山墙、房脊、吻、两边博缝均震动，内围墙所墁白灰鼓裂。真福斋东南垂脊塌落，吻、二层山墙、马头墙、坎墙均震动。山墙耳房之北墙突闪。"（内务府大臣奏折，康熙十八年八月初六日。摘自内务府满文红白本档）

（4）翊坤宫

"翊坤宫琉璃影壁震倒。正殿抱厦揭顶。西厢房北山墙倾颓，西横墙亦颓，西北小门颓毁，西边北厢房之北墙亦将颓倒。……翊坤宫东厢房北山墙博缝震动，兽头脱落一个。北边东厢房两面山墙博缝、房脊、吻震动，南边东厢房两面山墙博缝、房脊、吻震动，南山墙所墁红土脱落，一间北墙石灰亦脱落。北正房之猫儿头震落两个，吻震动。西厢房南坎墙、两边山墙博缝、群肩墙均震动。北边西厢房震落吻一个，房脊、坎墙均震动，东小门墙裂缝。底正殿西山墙马头需用石灰修墁。这里附有小房之西山墙震裂。前殿西围墙震裂，门偏斜破碎。

永寿宫、翊坤宫中间隔墙震动。长宁右门琉璃挂落砖、角柱砖亦将脱落。"（内务府大臣奏折，康熙十八年八月初六日。摘自内务府满文红白本档）

（5）储秀宫

"储秀宫隔断西墙颓毁。东厢房围墙、肩墙、东厢房一间北墙、该两墙及肩墙均颓坏。大成右门琉璃瓦角角柱震裂，所墁包金黄土脱落，南墙群肩砖震动，对面小墙博缝裂碎。储秀宫东厢房脊、吻、两边山墙博缝均震动，顶钩震落一个。……储秀宫垂脊、坎墙均震动。底东厢房脊震动，北吻震落，两边博缝震动。底正房东山墙博缝震动，垂脊震落，吻、脊均裂。井亭偏斜。长泰门琉璃葫芦子震落。……储秀门西边西'须弥'座、琉璃角柱震裂。西厢房吻、脊、坎墙均震动。前正殿坎墙、石山墙震裂，吻、脊震动。北西厢房两山墙博缝震裂，吻、坎墙均震动。底正殿震落猫儿头一个，仙人一个，旁扒头一个，圭角一个，吻、脊震动，坎墙亦震动。……底正殿两边夹板油饰开裂。西边小正房山墙裂缝。西厢房北夹墙震动。西所正房北墙颓毁，脊、垂脊、博缝均震动。西门偏斜。南大墙颓毁，东大墙脊坍塌三丈。东西厢房西边山墙吻、脊均震动。长街西大墙群肩砖三十七丈震动，饭房北墙微塌，膳房九间偏厦北墙颓倒，柱子前倾。"（内务府大臣奏折，康熙十八年八月初六日。摘自内务府满文红白本档）

（6）乾清宫等宫殿

"乾清宫震坏之处甚多，暂停修缮。着先修交泰殿、坤宁宫及其坏房。钦此。"（上谕康熙十八年九月二十四日。摘译自内务府满文红白本档）"乾清宫内之房墙、慈宁宫、寿康宫，紫禁城内武英殿、兆祥所、角房、嫔妃住所，小花园房屋、喇嘛念经房、米房、仓库、饽饽房、酒房、马圈等外塌房及塌墙。又紫禁城外女子养病房、购置之房子、绣匠作坊以及部、司等各处塌房、塌墙，均由内务府工匠修缮。……"（内务府大臣奏折，康熙十八年八月初七日。摘译自内务府满文红白本档）

（7）保和殿、紫光阁、景山、瀛台等

"保和殿迤南一带及紫光阁、景山、瀛台、南苑新旧斋宫，……王、公主等暂自所，米盐库，器皿库，花炮作等处，请交工部修理。"（内务府大臣奏折，康熙十八年八月初七日。摘译自内务府满文红白本档）

（8）慈宁宫

"慈宁宫西内墙墙土脱落，镀金钉冒脱落一个。两边山墙上边通脊、坎墙、东北角兽头、东西间墙土、东山墙内群肩以上之墙土、西边内山墙墙土均震动。宝座后屏风西侧夹板墙开裂。南三间天花板下垂，北廊子上天花板震裂，西夹板墙顶端一间之海马天花板震裂，西围配房台阶墙、坎墙裂缝。……南间坎墙震动，北房檐猫儿头、滴水脱落，一间油粉夹板墙开裂，西边南围房之六间正房之封护檐墙裂缝。东南角围房房檐猫儿头、滴水脱落。东南角围房北山墙两塔之猫儿头一个、瓦筒六个震裂，坎墙震动。宫两侧垂花门两边之肩墙震动。东旁门兽吻二个、滴水二个、猫儿头一个、镀金钉帽一个脱落。北山墙震动。西房门两面山墙震动，并震动吻一个，坎墙亦动，博缝头震裂一个。

慈宁宫正门两边山墙震动，墙土脱落，西侧墙博缝头脱落一个。底东五间正房两边山墙裂缝。东配房两边山墙震坏。西配房北墙倾斜。近东墙之五间黑琉璃瓦厢房有一间北墙开裂。底西五间正房两边山墙裂缝。东配房两边山墙震动，西配房墙土脱落。近西墙之五间黑琉璃瓦厢房北两搭墙倒塌，东山墙、北墙墙土及坎墙震动。东院内南三间正房东山墙裂缝，北五间正房西山墙裂缝，东南角脊震动。院内垂花门西南角墙歪倾，两边肩墙均震动。兽头一个，剑把八个落下。垂花门外配房北山墙裂缝，东更房院墙墁土剥落，南大墙群肩开裂。西院内南三间正房、东间廊子歪倾。内东山墙、西南角脊震动。北五间正房东山墙裂缝，震落仙人四个、吻一个、海马三个，房内墁灰震动。垂花门东南角墙裂缝，两边肩墙震动，剑把十个及垂脊头均震落。垂花门外南配房南山墙垂脊震动，仙人脱落四个。北配房垂脊开裂。西更房两边山墙之围墙均震裂。南大墙歪斜六丈余。西大墙灰土脱落。铁门大墙开裂。东西两大门四个琉璃柱子陷落，枋子活动，北大墙震动。花园中门琉璃枋子、柱子震动，肩墙博缝头开裂。东大墙群肩鼓起。迎禧门花枋子一块、仙人四个、兽头八个、海马十二个、剑把二个脱落。

广生门海马一个、剑把一个脱落。大殿东南角柱子、北连檐之博缝及两边山墙均震动。东配殿连檐（漏雨），山墙及房上通脊垂震动。西配殿南雨搭漏雨，南山墙垂脊、北边博缝一块、滴水二个、猫儿头二个、仙人一个、海马一个、列角盘一个均脱落。端华楼一个兽头坠落。

迎禧亭坎墙开裂。天香亭猫儿头两个、瓦筒一个脱落。水芳亭北山墙垂脊震动。西鹿亭北山墙震动。西水房北墙即将倒塌。东西二井亭震动。平台栏杆需换六根。石山之阶条石震动。西大墙坍塌一半。东大墙震动。饭房、存肉房东山墙灰土脱落，两边博缝震动。茶房西山墙博缝、东山墙、吻均震动。饭房西山墙将倒塌。"（康熙十八年八月十五日，摘译自内务府满文红白本档）

（9）寿康宫

"寿康宫二门琉璃枋子震动，琉璃柱一块、兽头一个、仙人四个、海马六个、剑把二个均震碎，两边子墙之红土裂缝。前正殿西边剑把脱落一个，东边北墙开裂……抱厦东边猫儿头坠落一个，四个抱柱的油饰脱落，两面山墙之木博缝、天沟、水管等均震有裂缝。西配殿前边房檐滴水、猫儿头瓦等脱落，北山墙垂脊、前坎墙均震动，震落琉璃枋子一个、剑把一个、仙人四个、海马六个，震落雨搭天沟。角门墙倒塌。二层殿两端间之南北围墙均震动。西配殿两边垂脊博缝开裂，震落琉璃、仙人四个、剑把二个、海马六个。井亭脊瓦石墙震动。西厢房通脊、两边垂脊、博缝及后墙震动，前檐猫儿头、滴水脱落，挡沟二块、剑把二个、混砖一块碎裂，雨搭南山墙博缝、隔墙均震动。猪羊圈房一间两面山墙震倒。底正房前后檐之猫儿头、滴水滑落，东边剑把一个即将脱落，仙人一个、猫儿头十九个已碎裂。西厢房北山墙震倒，坎墙活动。此院东角配房后墙、两边博缝均塌落。井亭偏歪，剑把八个、仙人四个、海马四个已碎裂。东所正房通脊、两边垂脊、博缝、前坎墙均震动，前檐猫儿头、滴水脱落，仙人坠落两个。南西端间围墙、北中间封护檐即将塌落。南西厢房垂脊博缝、雨搭木均震裂，仙人四个、剑把一个、海马四个碎裂，前檐猫儿头、滴水瓦滑落。北西厢房通脊、两边垂脊、博缝炸裂，前檐之猫儿头、滴水滑落，剑把一个、兽二个、仙人二人碎裂。南东厢房南山墙垂脊塌落，仙人、海马裂碎，坎墙及北山墙震动。北东厢房通脊震动，两边垂脊、博缝将塌。底黑瓦正房东山墙开裂。此院平房二间围墙尽塌。中所正房通脊、两边垂脊、博缝、坎墙均震动，室内后墙东山墙鼓起。南西厢房通脊、两边垂脊、博缝震动，剑把一个、仙人四个、滴水瓦三块碎裂、北墙红土脱落。北西厢房通脊、两边垂脊、博缝、北墙所墁灰土均震动，仙人四个脱落。南东厢房两边垂脊、博缝震动，剑把一个、仙人四个碎裂，南窗边墙塌下。北东厢房通脊、两边垂脊、南坎墙、后檐墙均震动，兽一个、仙人四个、博缝砖一块碎裂。院墙塌四丈，配房一间将塌。西所正房通脊、两边垂脊、博缝震动，室内北墙墁土鼓出。南西厢房南垂脊、博缝震动，剑把一个、仙人四个、海马六个脱落。北西厢房两边垂脊、博缝震动，剑把一个、猫儿头八个碎裂。南东厢房通脊、两边垂脊、博缝及北墙均塌，剑把一个、吻一个、仙人四个碎裂。北东厢房通脊、北山墙垂脊、博缝均震动，南山墙垂脊、博缝、兽一个、海马六个、仙人四个脱落。井院墙毁坏。南大墙群肩塌十五丈，西大墙群肩塌七丈。

内左门内外琉璃柱震动，檐椽一半塌下。近光右门内外琉璃柱震动，兽头脱落一个。近光左门至内左门大墙群肩震动。"（康熙十八年八月十五日，摘译自内务府满文红白本档）

（10）景仁宫

"景仁门琉璃柱震裂两块，枋子震动。景仁宫前正殿两边山墙所墁红土脱落，南坎墙裂缝，北墙内外所墁灰土鼓裂，上边垂脊震动。两边配殿通脊、两边山墙博缝、后围墙、前坎墙均震动。后层正殿通脊、两边山墙博缝均震动，猫儿头、滴水九块脱落。此处两边配殿之通脊、两边山墙博缝、前坎墙均震动。井亭脊、瓦石墙均震动。大成左门至广生左门大墙群肩均震动。广生左门内外琉璃柱子震动，琉璃柱瓦碎裂一块。"（康熙十八年八月十五日，摘译自内务府满文红白本档）

（11）承乾宫

"承乾门内外琉璃柱碎裂五块、升斗一个、枋子活动。承乾宫前正殿抱厦、两边垂脊脱落，仙人、海马等二十个均碎裂，四根抱柱震裂，油蚀剥落。大殿两边山墙墁灰微裂，猫儿头、筒瓦七块碎坏，前坎墙震动，北墙墁灰微裂。两边配殿通脊、垂脊博缝、前坎墙震动，琉璃影壁倒塌。底正殿之通脊、西山墙博缝震动，仙人两个脱落，抱厦两边垂脊脱落，兽、仙人、海马等碎裂四十一个，四根抱柱及水管震动。西配殿北山墙垂脊、山墙博缝将塌落，墁墙红土开裂，通脊震动。东配殿通脊震动，天沟、剑把二个碎裂，北山墙裂缝。西角门墙震动，猫儿头一个、滴水一个脱落。井亭脊、瓦、石墙均震动，剑把碎裂一个。东角墙倾斜二丈五尺。"（康熙十八年八月十五日，摘译自内务府满文红白本档）

（12）钟粹宫

"钟粹门琉璃枋子及柱子均震动，升斗碎裂一块。钟粹宫前正殿西边前垂脊脱落，东边垂脊活动，兽脱落两个。两边山墙红土开裂，坎墙活动，殿内海马天花字条开裂。南东配殿通脊两边山墙之博缝、后沿墙均开裂，滴水、猫儿头脱落十个。西配殿两边山墙裂缝，坎墙活动。底正殿通脊及两边山墙博缝均震动，垂脊、仙人一个、三色十一个、压带条八个、猫儿头二个脱落。东配殿通脊、兽吻、两边山墙博缝均震动，仙人一个，猫儿头一个，三色十一个，筒瓦六块脱落，后墙裂缝。西配殿两边山墙博缝毁坏，通脊、前坎墙均震动，脱落剑把一个，后墙墁灰少许脱落。井亭脊、瓦、石墙均震动。大成左门琉璃柱震动，瓦碎裂一块。迎瑞门琉璃角椽脱落一块，东墙墁灰脱落一块。长宁左门脊震动，天沟脱落，琉璃柱子、枋子均震动，石柱碎裂一块。膳房后墙塌倒四段，两边山墙裂缝。"

（康熙十八年八月十五日，摘译自内务府满文红白本档）

（13）御花园

"据总管太监刘续源告称：花园内震裂之处甚多等情。我亲自率领官员匠役进内查看，并酌情加以支撑等因。奉旨：是。钦此。"（内务府大臣喀鲁奏折，康熙十八年八月初二日。摘译自内务府满文红白本档）

"花园所供万尊泥佛，因地震毁坏千余尊。"（内务府大臣奏折，康熙十八年九月十六日。摘译自内务府满文红白本档）

（14）银库等

"地震之时，银库内损坏玻璃碗十五个，……皮库内裂碎细兰磁大腊台一个……共计损坏大小磁器一千五百七十三件。"（内务府大臣喀鲁奏折，康熙十八年八月初四日。摘译自内务府满文红白本档）

"现在，库、仓等各处塌坏处甚多，……本科匠役不敷使用，请雇官工，每日开支工饭钱。"（内务府大臣奏折，康熙十八年七月三十日。摘译自内务府满文红白本档）

"宫内养病房间及仓库等处坍塌甚多，本府匠人工役不足使用，请雇官工开支饭费，奏过在案。现已照前所奏发给匠役饭费，酌情进行修缮。奉旨：依拟行。"（康熙十八年八月初四日，摘译自内务府满文红白本档）

（15）韦陀殿

"地震时，震塌之韦陀殿一面檐墙，西厢房五间后墙，配房一面檐墙、大门两边墙。大殿两边坎墙以及殿内裂缝之两面檐墙、后墙。此等震坏之处业已修砌。"

（16）仁寿殿

"仁寿殿长墙倒塌。"（内务府大臣奏折，康熙十八年八月十三日。摘译自内务府满文奏销档）

"仁寿殿长墙有倒者，有欹者，行路狭窄，请饬交监修奉先殿太子宫官员一并办理拆除事宜。"（内务府大臣奏折，康熙十八年八月十三日。摘

译自内务府满文红白本档）

（17）白虎殿等

"白虎殿五间后墙两段……隔断二段……房顶补瓦，打器四匠人作坊五间，其中有隔断墙一段，房顶补瓦。锡匠作坊一间，两边山墙、坎墙一段，配房三间，南山墙、坎墙段……房顶补瓦，玉器匠房四间，一边山墙及一边山墙群肩以上，坎墙四段，后墙三段……房顶补瓦。铜匠作坊四间，其中一边山墙、坎墙二段……顶上补瓦。錾花作坊七间，南山墙裂缝，坎墙四段。……"（内务府大臣奏折，康熙十九年十月初二日。摘译自内务府各司满文红本档）

（18）内务府衙门

以下是清廷内务府衙门在康熙十八年七月二十八日大地震后，对该衙门及其周围建筑修补情况，从此窥见该衙门当时破坏的大概状况。

"内务府衙门房五间，房顶补瓦，廊子墙二段。又隔断墙四段，厨房一间接连女子厨房四间，共房五间，换柱子、补瓦、修砌山墙及后墙。"（内务府大臣奏折，康熙十九年十月初二日。摘译自内务府各司满文红本档）

"内务府衙门隔断墙、院墙、守更房、后墙、山墙等均修补。"（内务府大臣奏折，康熙十九年十月初二日。摘译自内务府各司满文红本档）

（19）广储司

"广储司房五间，换柱子、换瓦、修砌山墙、后墙、檐墙、坎墙、隔断墙、院墙。广储司档房三间，修砌山墙、后墙。……帽匠作坊及守更房作坊共三间，修砌山墙、后墙。"（内务府大臣奏折，康熙十九年十月初二日。摘译自内务府各司满文红本档）

"广储司档房一边山墙、后檐墙、厕所墙及选米底房之前后檐墙、山墙、屋顶、隔断墙均修砌。"（内务府大臣奏折，康熙十九年十月初二日。摘译自内务府各司满文红本档）

"广储司档房与选米房山墙之间临街墙，选米房与管领值日房山墙之间临街墙，管领值日房与护军值宿房山墙之间临街墙，女子厨房内隔断墙、后檐墙、院墙、大门，护军值宿房之山墙、房顶、管领值日房院内隔墙，选米房与女子厨房院隔墙，白虎殿院内东北角墙，萨满太太（巫婆）住房两边山墙，后墙及房顶，膳房底正房两边山墙，后墙及房顶，存肉房之山墙、院墙、前栅栏门一个，两边马头，大仓之临街墙，仓房之后墙……等均加修缮。"（内务府大臣奏折，康熙十九年十月初二日。摘译自内务府各司满文红本档）

（20）武英殿

"武英殿前大殿五间，顶上补瓦，修补群肩、坎墙、山墙、后墙。后殿五间，穿堂三间顶上补瓦，修砌垛子，墁灰，刷浆，修补山墙、檐墙、坎墙。两边配殿计六间，顶上补瓦。补修山墙、檐墙、台阶之裂缝、活动之角柱石以及烟囱顶等。两边沐室五间顶上补瓦。修补群肩、坎墙。堂子一间修补漏雨屋顶……北角正房三间，周围偏厦房九间，大殿两边小配房十五间，大门五间，门两边小房十间，房顶补瓦，修补山墙、檐墙、群肩、坎墙、台阶裂缝。河沿黑瓦房五间，顶上补瓦，修补坎墙、台阶、山墙、烟囱。东偏厦房五间，房顶补瓦，修补山墙。正偏厦房顶上补瓦，修补坎墙、山墙、围墙。"（内务府大臣奏折，康熙十九年十月初二日。摘译自内务府各司满文红本档）

（21）南薰殿

"南薰殿正殿五间，两边配殿六间，西殿后配房五间，大门一间，这些房顶补瓦，山墙、檐墙、群肩、坎墙、台阶、院墙有裂缝处均修补，□□房三间，顶上补瓦，修补山墙、檐墙、院墙。黑瓦房六间，顶上补瓦，换天窗顶瓦，修补山墙、檐墙、南大墙。……看守南薰殿之披甲等值宿房山墙、临街墙，西华门内南边黑瓦临街房后檐墙，看库披甲等值宿后墙、山墙、井院等均加以修缮。"（内务府大臣奏折，康熙十九年十月初二

日。摘译自内务府各司满文红本档)

（22）中和殿

"八月十四日丙子早，上于中和殿视地震，告祭天坛祝版毕回宫。少顷，御乾清门听部院各衙门官员面奏政事。"（《康熙十八年起居注册》）

（23）紫光阁等

"若核查自保和殿以南，及紫光阁、景山、瀛台、南苑之新旧斋宫等震毁之处，所需钱粮奏准后修缮，恐至天时渐寒，故由本部派官人，一面急修，一面详细估计所需钱粮具奏。奉旨：保和殿以南修缮，其瀛台、景山、紫光阁等处仅修塌墙，宫内、南苑内新旧斋宫等处均行停修，余依议，钦此钦遵在案。为此咨送。"（工部给内务部咨文，康熙十九年三月二十二日。摘自内务府满文来文档）

（24）大光明殿

"大光明殿内火药库正房三间，两边山墙、前檐倒塌，后檐墙倒塌半坯。西耳房两间，碾房三间修补顶瓦，西山墙倒塌半坯。栅栏一门倒墙两段。"（内务府大臣奏折，康熙十九年十二月十九日。摘译自内务府各司满文红白本档）

2. 城堞（皇城、城垣、城门楼等）震坏情况

康熙十八年特大地震，对北京的各种城堞，包括皇城、城垣、城门楼等破坏亦十分惨重，虽然在满文老档中很少有这方面的破坏记录，但在《满文康熙上谕》、《康熙十八年起居注册》和当时的文人墨客留下的诗文，从其字里行间看出北京皇城、城垣、城门楼等被地震所倾圮相当普遍和严重。如康熙十八年八月初五日，一等侍卫兼佐领费跃色传谕九门提督费扬古曰："城堞塌落及皇城墙四周内外倾圮之砖，比着各该地方协领，步军校领催甲兵等收集一处，严加看守，以备日后修建方便，倘被人窃去，则需费甚多也。"（《满文康熙上谕》）这是费跃色向九门提督费扬古传谕康熙大帝的御旨。明令将城垛塌落及皇城墙四周内外倾圮之砖，收集一处看管，免得被人窃去，以便将来修砌时需费过多。但实际上说明北京城垛塌落和皇城墙四周内外倾圮的实况。又如，北京康熙十八年大地震当天，即七月二十八日庚申早，上御乾清门听部院各衙门官员面奏政事。"辰时，上皇太后宫问安。巳时，地大震，京城倒坏城垛、民房、死伤人民甚众。"（《康熙十八年起居注册》）

清代著名学者邵长蘅客游京师，住在宣外保安寺街，他在《青门旅稿》中，记下了这次特大地震的可怕情景和北京城城墙"高垣"、"衢巷"、"百雉"、"门关"塌毁的真实情况："岁在己未斗指甲，月之廿八朝日暾。京师地震骇厥闻，初如地底雷砏磤。又如轳辘万车轮，自西北来东南奔。顷刻簸荡摇乾坤，雷硠菈撇屋瓦翻。市声呀咻扬嚣尘，叫号触突踣以颠。车仆马蹶攲辀，拉攞大厦摧高垣。砾块扬箕天昼昏，榱栌宗栋楹橑枅。颠倒填塞衢巷堙，百雉顿踬崩门关。九庙鸱吻堕蟠蜿，骿胁折胠踝骨鳞。死者累累三千人，通州三河嗟可怜。……"（邵长蘅：《青门旅稿》卷一，第18—19页，《地震诗戏傚昌黎体》）

著名诗人杨明远在其《客自燕归者为余略（述）地震时情形纪五绝句》中，明确指出北京三门（德胜门、安定门、西直门三门）城楼倒，以及马、象、人等"性命多不保"的悲惨情景。请看五绝句原文："高天忽阴惨，厚地频震荡；声如崩轰雷，势若翻巨浪。万姓房屋倾，三门（德胜门、安定门、西直门三门）城楼倒；生灵争顷刻，性命多不保。连日鳌极翻，大小四十震；天昏黄沙走，地裂黑水迸。马争出马房，象争出象房；人亦争出屋，盗贼乘时忙。於戏通州城，荡尽如旷野。地裂人忽陷，往往骑在马。"（杨照：《杨明远诗集》卷七，怀古堂藏版，第9页）

3. 衙署震毁情况

（1）翰林院

"康熙十八年京师地震，公私庐舍俱毁，命诸官开报各衙门压（塌压），量加修葺，惟翰林院久坏，其倒塌者勿论，即巍然存者亦木瓦圮裂不可收拾。"同时记载了康熙帝特命专程修复翰林院，"上特命他衙门补墁，裁令完具，独翰林院专程修复，于次年闰月发水衡钱若干缮犒工。二十年某日落成。予时入编检厅，焕然旧观。"（毛奇龄：《毛西河先生全集》，《诗话》卷七，第3页，在该全集第十三函内，乾隆三十五年刻本）

（2）顺天府公署

"……自己未年地震以来，榱崩栋折，一望多颓垣败瓦，虽欲寝处之而有所未得。"（徐文驹：《师经堂集》卷五，第11页，《新修顺天府公署记》，康熙间学古楼梓行刻本）

（3）大兴县公署

"按国家设官分职，其理事出政之所，各有公署，所来久矣。……自昔年（康熙十八年）地震后，所在倾圮，今以渐次修理，将复旧观。"（张茂节修，李开泰撰：《大兴县志》卷二，《公署考》，康熙二十四年抄本，第29页）

（4）织染局

康熙十八年八月十三日，织染局员外郎苏勒德等呈请修缮倒塌房墙事："本局库房十四间山墙倒塌，房顶瓦裂，库院墙三十八丈倒塌，又四十二丈偏歪，库门两间墙垛倒塌，房顶瓦全落。织造工作房五十四间，其中十二间全行倒塌，其四十二间夹断墙倒塌，房均偏歪。生丝工作房三十五间山墙倒塌，房均偏歪，即将倒塌。染间八间，山墙倒塌，房均偏歪。大院墙七十二丈五尺倒塌，大院门一间，其山墙和瓦塌落，门房偏歪。绣匠工作房四间，檐墙、山墙、窗沿倒塌，门一间墙倒房歪。为此依例行文，拟请二部修缮。"（织染局员外郎苏勒德呈文，康熙十八年八月十三日。摘译自内务府满文广储司呈文档）

（5）掌仪司、营造司、各管领所属仓房、饽饽房、菜房、磨麦子房以及诺木欢公主的膳茶房因地震房墙倒塌，致使其内存放的各种家具、什物损坏情况十分惨重，记录十分详细。内大臣喀鲁奏："掌仪司所属的果局房墙倒塌，砸坏存龙眼荔枝缸十三个，存苹果坛子四十二个，存葡萄缸九个，损坏龙眼八斗四升，荔枝一石一斗。又砸坏营造司黄轿车三辆，青轿车二辆，鱼缸二个，大小缸一百三十四口，大小罈子罐子一千一百二十九个，大小盆子五百三十一个，竹椅三十八把，木椅二十二把，床二张，柜子十七个……羊角灯一盏，广锅五个，黑磁碗四百六十五个……筒瓦二千五十个。又各管领所属仓房、饽饽房、菜房及磨麦子房墙垣倒塌，砸坏缸、盆、罐等共计一千四百另八件，锅五十三口……车九辆，密七百一十斤，盐一斗，芝麻油共计六千九百三十斤，酱六缸半又三罈，清酱二十一缸半又三罈，小豆二斗，山楂二瓶，酱瓜子二缸，糟四罈，黄酒七十六罈，匏子五缸，胡萝卜一缸，茊兰一缸，王瓜一缸，豆豉一缸，咸菜一缸，酸菜二缸，乔菜一缸，枸杞二斗，葡萄一斗五升，面二千四百七十斤，高丽清酱十七罈又一缸，酱一罈。诺木欢公主的膳茶房墙壁倒塌，压坏缸五个，盆十一个，槽盆四个，高桌六个，铜马勺一个，广锅四个，酱色瓷茶碗二个，白瓷碗四十个，瓷盘二十个，木茶碗三个，铁铛子一个，木盘子三个，锅盖四个，小铁马勺二个……"（内大臣喀鲁奏折，康熙十八年八月十八日。摘译自内务府满文红白本档）

康熙十八年十一月初九日，营造司呈管领英图里禀称："存米之仓房十五间，地震的时候全部塌坏，以致无处储存，请拨木料等修盖。……二十个管领属下仓内饽饽房、菜房、果子房、磨面房、地震时倒塌，压碎生铁锅二十七口，请买补。"（内管领英图里呈文，康熙十八年十一月初九日。摘译自内务府营造司满文呈文档）

（6）女子斋戒房

"光禄寺迤北女子斋戒房计十四间，其中正房五间，两边山墙、前后墙及坎墙等皆倒塌，房向西歪斜，东边一间后边瓦脱落，西配房三间山墙及檐墙均倒，瓦脱落，东配房三间皆倒塌。门两旁墙壁、影壁坍塌，门三间东山墙、后墙、房内隔断墙皆倒塌，周围院墙倒塌八十六度有余。"（内务府大臣奏折，康熙十九年十月初二日。摘译自内务府各司满文红本档）

按："周围院墙倒塌八十六度有余"疑是"八十六丈有余"之误。

（7）养犬房

"养犬房三间，两边山墙及屋内隔断墙均倒，内有一间前檐下坠，柱子一根倾倒，顶上瓦脱落。西边煮狗食房三间两边山墙及前后檐、房内隔断墙均倒塌，房亦倾斜，门一间山墙倒塌，房歪倾，周围院墙塌三十余丈。炭库北正房五间，两边山墙、隔断墙均倒塌半坏。南房五间，西山墙倒塌，档房两边山墙裂缝。"（内务府大臣奏折，康熙十九年十二月十九日。摘译自内务府各司满文红白本档）

（8）膳房、砻稻房等九处

虽然是工部给内务府咨文，主要说以下九处修缮，需要架子木情况，但从一个侧面亦披露了这九处地方地震破坏的真实情况。贵衙门咨文称："膳房、白虎殿、砻稻房、犬房、鄂木齐喇嘛旧房、女子斋戒房、光禄寺后女子巡察房、仁寿殿花园房、鼓楼东大街商铺等九处房屋修缮共需架子木一百八十根。"（工部给内务府咨文，康熙十九年三月二十一日。摘译自内务府满文来文档）

（9）鼓楼东大街、鼓楼北、银锭桥、酒醋局等处

"鼓楼东大街有铺房三间，全部倒塌……鼓楼北有房六间，其中二间前檐及一面山墙、前后坎墙均倒，再四间两边山墙及檐墙均倒，房瓦震动，且房子亦歪斜将倒。……银锭桥西有房四间，全部倒塌……前沿里有房十八间，其中东跨院房五间，房顶瓦、脊、山墙损坏，南房五间，房瓦脱落。西跨院房四间，顶瓦损坏，二间檐墙及前墙垛倒塌，南房四间顶瓦及东山墙损坏。……皇城内酒醋局房三间，全部侧塌。"（内务府大臣奏折，康熙十九年十月初二日）

4. 寺庙、塔震塌情况

（1）长椿寺

"长椿寺在宣武门之右（土地庙斜街），故明万历二十年为水斋大师敕建，规模宏敞，为京师首刹，去未百年，康熙己未（十八年）秋七月地震，京城内外寺观，浮图相轮之属，莫不倾圮，而兹寺为尤甚。"〔（清）宁德宜：《重修长椿寺碑记》，石刻〕又古文献载："长椿寺去敞寓不数武……幽邃弘敞，杰阁金轮，甲于诸刹。地震后，倾圮殆尽。"（冯溥：《佳山堂诗集》卷七，目录，康熙十九年刻本，第1页）

（2）文昌阁

文昌阁在"京城之西南隅兵马司街，其来久矣。自康熙己未秋地震倾圮，所谓巍然者颓，翼然者隳，引路之人，目击而心伤"。（周之麟：《重修文昌阁并关帝张靖江王及诸神碑记》，石刻）

注：文昌阁在今北京宣武区南横街北，延旺庙街。

（3）精忠庙

精忠庙在"京师天坛之北，正阳门之东，向有宋岳忠武鄂王精忠庙焉。缘己未秋七月地震倾圮，经今十年有余，莫能修葺更新者"。（王熙：《重修岳忠武鄂王新建都主殿记》，拓本）

注：精忠庙在今崇文区天坛北精忠庙街。

（4）善果寺

善果寺在"外城之西北隅，前此肇建于南梁，重兴于天顺、成化，益都冯相国于顺治十五年捐资首倡，信善合力，逐令绀碧增辉，固已纪其事勒之石，康熙十八年忽值地震之变，立者欹，完者蚀，窳者僵矣"。（李仙根：《重修善果寺后记》，拓本）

注：善果寺在今宣武区广安门内，王子坟北善果寺街。

（5）永寿观音庵

永寿观音庵在阜成门内（注：此庵在今阜成门内白塔寺后身观音庵胡

同 10 号，全名"护国永寿观音庵"），建于明朝，"殿宇数椽，基址甚狭，至于大清国朝副都统吴公学礼捐资修葺，并购附近民居增益之，规模宏敞，康熙（十八）年间地震，殿宇倾圮殆尽。"（湛祥：《重修永寿寺观音庵碑记》，拓本）

（6）广济寺

广济寺在阜成门内羊市大街路北，康熙"十八年京师地震，所在院宇倾圮……旧建具毁。师独鸠工庀材修盖如故，前后梵殿瓦缝悉裂，画壁崇垣，剥落无剩，师乃昼夜修行，伤心蒿目。……"（释·天孚：《广济寺新志》建置中，第 26—28 页）

（7）峨嵋寺

"都门西城内去彰仪门里许，以峨嵋名寺，则（自）蜀中翠岩老僧始。……已（已为原文，误，应为"己"）未居忧庐中，京师地又震，寺门圮。……"（赵吉士：《万青阁自订全集》卷一，第 76 页，《重修峨嵋寺石门记》，康熙二十五年刻本）

按：《震垣识略》卷十载："峨嵋禅林在老君地，康熙初年建。"老君地在今广安门内大街迤南，北通王子坟，南通枣林前街。

（8）番经厂庙和汉经厂庙

番经厂庙"神像颓毁，伽兰殿关老爷、给孤长者、龙王等木坐像高五尺均破裂。汉经厂庙释迦佛木质坐像肩部破裂，阿弥陀佛、药师佛像连座位高九尺，佛身破裂，手指损坏。三大士殿木像菩萨三个五佛冠裂碎。地藏殿雕木贴金佛背光一个，贴金陪像十四个，手足均需修补，天王殿泥坐像四天王高八尺，衣裙破裂。伽兰殿贴金神龛一座及天花板均破裂，龛内给孤长者、关老爷、二郎爷三座神像高五尺六寸，佛身倾倒，撞墙砖碰裂"。（工部给内务府咨文，康熙十九年正月三十日。摘译自内务府满文来文档）

按：番经厂、汉经厂在今东城区北池子路西祝嵩寺附近。

（9）万岁山和白塔

万岁山（北海中之琼华岛上）"在池之中，磊石为之，高数千仞，广可容万人，山之麓以石为门为垣……本朝顺治八年毁山之亭殿，主塔建寺，树碑山趾，康熙己未（十八年）地震，白塔颓坏，次年重建加庄严焉"。（高士奇：《金鳌退食笔记》卷上，朗润堂藏版，第24—26页）

（10）姥姥坟

姥姥坟在京城西便门外二十里诸葛庄南，"土人名姥姥坟，乃明朝葬宫人处也。冢固累累，碑亦林立，文皆奉太后或皇后懿旨谕祭翼圣夫人或赞圣夫人、奉圣夫人之类。文更典雅，皆出司礼监太监手笔，守坟老姥尚能言其所以，每於风雨之夜，或现形，或作声，幽魂不散。余题诗有'英怨当时恩厚薄，十三陵上亦斜阳'之句。地震后碑具倒仆，将来自化为乌有矣。"（刘廷玑：《在园杂志》卷三，康熙乙未年刻本，第30—31页）

5. 住宅震坏情况

康熙十八年七月二十八日北京大地震之后，京城官员百姓的住宅震塌十分普遍，到处房倒屋塌，举目皆是断壁残垣，一遍凄凉。康熙皇帝于同年八月初六日上谕：

"各佐领、管领人等均给假十五日，以修各自所居房屋，钦此钦遵。"（《康熙上谕》，康熙十八年八月初六日）

1679年9月2日，北京发生了可怕的地震，当时许多宫殿、寺院、塔、城墙倾倒，紫禁城内各大殿、乾清宫、武英殿等亦倒塌，"皇帝、太子和贵族们离开皇宫，住在帐幕内。这时皇帝开恩赈恤人民"。（杜赫德：《中国地理历史政治及地文全志》，1738年英译本，第233页）而且这场特大地震，强余震持续了一个多月，整个地震断断续续延续了三个月之久。就在余震不断的情况下，皇帝、太子还住在帐幕之中，康熙就发出让官员、百姓放假十五日，加紧修缮各自的居所，这在古代皇帝中，这样首先关心官员、百姓的居住和疾苦，的确是绝无仅有的。请看以下官员、民居房屋倒塌的大概情况。

（1）范文程、费扬古、德马虎、诺木欢公主、鳌拜倒塌房屋

"范文程原有房三十五间，其中塌楼房五间。费扬古原有房十六间，其中东厢房三间倒塌。德马虎原有房二十三间，其中楼房三间，西厢房之耳房一间倒塌。诺木欢公主住房二十八间，其中倒塌一间，抱厦倾歪一间，门面临街房五间全部倾斜将倒。鳌拜住房三十一间，其中楼房五间，西北角正房二间倒塌，东厢房三间将倒。为此查明谨奏。"（康熙十八年九月初十日，内务府满文口奏绿头牌红白本档）

（2）兜泰佐领、满图佐领、苏勒德佐领、凯吉里管领、索勒笔管领、恩格管领等倒塌房屋

"查极贫户得不到砖瓦者，兜泰佐领下……满图佐领下，……苏勒德佐领下……以上三旗佐领共护军三人，领催一人，披甲十七人，拜唐阿六人，匠役七十人，闲散八人，孀妇十一人等，共计一百二十三人，倒塌房屋一百二十一间，山墙倒塌，房瓦脱落之房一百四十九间。

又查极贫户得不着砖瓦者，凯吉里管领下……索勒笔管领下，……恩格管领下……以上三旗管领共护军二名，领催二名，披甲二十一名，拜唐阿五十名，匠役八十一名，厨子二十四名，闲散六十四名，孀妇三十九名，共二百八十三名，全部倒塌房一百七十二间，瓦脱落、墙倒塌之房二百五十间。全部倒塌之房每间给银七两，墙倒之房每间给银一两三钱。"（总管内务府大臣八月十七日奏折，康熙十八年八月十七日。摘译自内务府口奏绿头牌红白本档）

（3）天坛乐午生马惟麟等肆佰零贰名呈称，天坛内倒塌房屋情况并请账恤

"为请旨事：礼科抄出太常寺卿席尔达等题前事内开：据乐午生马惟麟等肆佰零贰名呈称：七月二十八日地震，麟等住房十倒八九，无有栖身之所。麟等虽蒙恩每月每名给银三钱一分，米三斗三升，仅是日用之需，

今房屋倒塌实难修整。今因地震，八旗兵丁并民均沾皇恩，麟等乐午生系供祭祀大典之差，乞照八旗民人一体沾恩等语，具呈前来。该臣等查得天坛内神乐观居住乐午生马惟麟等倒塌房屋一百九十零半间，倒塌山墙坎墙脱瓦歪斜房一百七十四间，此等具系穷苦之人，不能修整是实。近奉旨八旗兵丁并穷民因房屋倒塌，均邀账恤，今乐午生马惟麟等与穷民无异，伏乞敕下该部议复施行，臣等未敢擅便，谨题请旨等因。康熙十八年八月二十一日题。本月二十三日奉旨该部议奏，钦此钦遵，于八月二十四日到部，随问太常寺寺丞艾洪基、张量馨，曲簿胡蔚光回称：堂官差我三人亲往天坛看验乐午生所住房屋倒塌歪斜是实，此等房屋非系官房，具是本生自盖的，内亦有人住一二间者，亦有二人共住一间者等语，将查验册籍一并呈送前来。该臣等议得太常寺疏称天坛内神乐观居住乐午生马惟麟等倒塌房屋一百九十零半间，倒塌山墙坎墙脱瓦歪斜房一百七十四间，此等具系穷苦之人，不能修理是实等语，相应将太常寺查验册籍一并交与该部照给民房倒塌例给可也。臣等未敢擅便，谨题请旨。"（康熙十八年九月十二日，经筵讲官礼部尚书加二级臣色塞黑等谨题）

（4）京城倒房总数

"康熙十八年七月二十八日，巳时地震，京城倒房一万二千七百九十三间，坏房一万八千二十八间。……"（刘献达：《广阳杂记》卷一。清钞本）

6. 会馆倒塌情况

（1）京师芜湖会馆

京师芜湖会馆，"创建已数百年，坐落中城东长巷三条胡同南口外高庙对过。大门向东，正厅向南，三间，东西廊房六间，厅后向南三间，西院向后南三间，中有东西灰棚四间，前有向北灰棚四间，沿街小屋五间，又向南小屋二间，向东大屋二间，旧大门在北首，对面有铺面屋二间。康熙十八年七月地震房倒，嗣邀皇恩计间修葺，其时看馆韦长班领银七两，搭盖如旧。"（鲍实等撰修：《芜湖县志》卷十三，建置志，第1页，《嘉庆

四年邵士铠、韦运标、邵世勋、王泽、陈珊、王元劝捐修馆启》，民国八年石印本）

按：故芜湖会馆，当在今北京市崇文区前门外长巷下三条胡同南口外高庙附近。而"高庙"，据《京师坊巷志稿》卷下载："高庙：关帝庙俗称高庙。"

（2）都门南陵会馆

"都门南陵会馆，前（朝）万历间邑中先达所创置，规模远大。……己未……是年（康熙十八年）七月地震，大概倾欹。"（徐心田修撰：《南陵县志》卷十四；方伸：《都门南陵会馆序》，嘉庆十三年刻本）

按：南陵会馆在今北京市崇文区前门外草厂三条胡同。

（3）都门云龙会馆

"都门云龙会馆……长班邓舜受两邑缙绅之托，居于斯，食于斯，其视馆事若吴越人。墙楹任其倾圮，栋瓦听其飘飘，又经地震，前后皆倾，二百余年之经营，其不为乌有者，几希矣。……吾邑张君秀山讳世虎，计偕都门，损资茸修。"（张彬扬修，李士璜撰：《龙泉县志》卷十；李贞泰：《重修都门云龙会馆记》，康熙二十二年刻本）

（4）襄陵会馆

"襄陵会馆：（明季诸君子……醵金公置）……坐落西河沿，永为襄陵会馆……但规格废弛，输金者有名无实，而墙垣栋宇，渐就颓圮。康熙十八年京师地震，延及会馆，半为瓦砾。……"（钱墉修，郝登云撰：《襄陵县志》卷二十四，艺文，第12—13页；张元声：《重修襄陵会馆记》，光绪七年刻本）

按：据《京师坊巷志稿》卷下，外城北城："佘家胡同，井一，有襄陵会馆。"故襄陵会馆在今宣武区西河沿佘家胡同。

（5）中州会馆

"中州会馆在宣武门之左，旧为梁司徒公别墅，所谓银湾曲也。顺治十四年，同乡官都下者，捐资购得，改建会馆，宗伯薛公为记其事，岁久渐颓，屡议修治，以艰于费，弗果。越康熙十八年秋，地震，倾圮殆尽。……"（汤斌：《潜庵先生遗稿》卷一，第85页：《重修中州会馆记》，康熙二十九年刻本）

（6）华州会馆

华州会馆（又称华馆）"创于有明，嗣续修葺而光大之。大清定鼎后，地震倾圮，而馆几废，赖有华州乡绅吏员捐资共修，而馆复兴"。

按："大清定鼎后，地震倾圮"，当指康熙十八年七月二十八日北京大地震所"倾圮"。因考查清顺治年间京师地震一般在4级，最大的一次仅为4.5级，这种震级造不成破坏。而康熙四年三月初二日京师地震，震级虽为6.5级，但震中不在北京，而在通县，北京仅"有声"，无破坏。

*1704*年9月
河北东光·沧州地震

清康熙四十三年八月二十日，即公历 1704 年 9 月 18 日，河北东光和沧县（今沧州市）一带发生地震。

据《东光县志》载："康熙四十三年八月二十日地震，墙屋倾倒，死伤者众。"（周植瀛、吴浔源：《东光县志》卷——，光绪十四年刊本）

又据《中国地震目录》（第二集）载："1704 年 9 月 18 日（沧县）地震，屋壁倾圮，死伤甚众（震中在东光，震中烈度 7 度）。"［李善邦主编：《中国地震目录》（第二集），科学出版社 1960 年版，第 88 页］

根据以上破坏程度，此次地震震中在东光县，具体震中位置北纬 38.0°，东经 116.5°。

地震造成"墙屋倾倒，死伤者众"。虽无具体准确的数字，也已足以证明该次地震比较强烈，震中烈度为 7 度，震级约为 5$\frac{1}{2}$级。

此次较强地震，在东光和沧州造成屋倒墙塌、人员死伤之惨状，但对北京影响不大。查遍所有现存的北京地方史志，没有查到康熙四十三年八月北京有震。因它距北京较近，在北京东南，距北京天安门 160 公里，距北京南部的榆垡仅 125 公里，故列入研究对象，以便学者和建筑设计家参考。

*1720*年7月
北京·沙城大地震

清康熙五十九年六月癸卯（初八日），既公历 1720 年 7 月 12 日，北京及河北沙城发生大地震（见简图）。

据史载，初八日大地震之前一天，即初七日曾发生微动，应视为前震。"据天文科该直博士费扬古等呈报：本年六月初七日壬寅巳时，候得地微动一次，从西南坤方来。"（钦天监监正明图等题本，康熙五十九年六月初七日）关于这次北京·沙城大地震的真实灾情，当时地震发生时的目击者法国在北京的传教士殷洪绪从北京发出信之内容：

"殷洪绪教士来信（1720 年 7 月 19 日，北京发）：六月十一日早晨六点三刻，我们觉得地震有两分钟之久，但这是明天更大地震的前奏，晚上七点半又开始很厉害的震动，约六分钟一次，继续不断的震动。……天色阴暗时发亮光，不时有雷声发出，在暴风的海上，都没有这样可怕。想找一处躲避的地方很困难，墙垣屋顶时有倒塌压人的危险，走到别处去亦一样，随时有丧失生命的可能。我从房中跳出，立即被邻屋倒塌的灰尘蒙住，差不多埋在土中了。有一个仆人把我拉出来，带我到教堂的大院中。我看见教堂的墙东倒西歪，心中十分害怕，钟楼的大钟摇摆不定，发出杂乱声响。全城听到的是呼号惨叫的声音。后来安静下来。在夜间还有十次震动，但威力远不及上面说得狠。天破晓时，一切都安静了。……在北京有一千人压死。……随后二十天，时常仍有轻微的震动发生。离北京一百多里的地方，情形相似。……商业繁盛的沙城（chat chin）地方，城墙三重，好像三座城一般，当我说的大地震第三次震动的时候，全部下陷了。在另外一个村镇，震开了一个缺口，发出硫磺气味。"（摘自《北京天主教

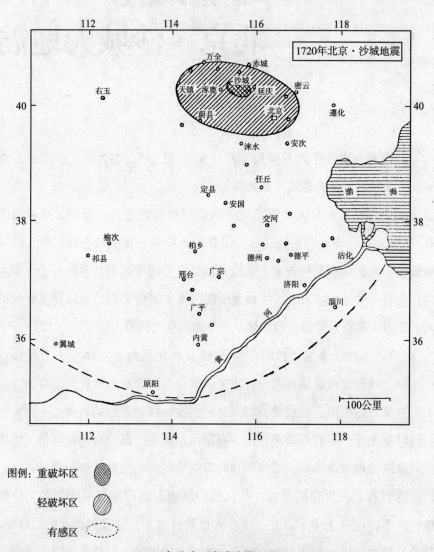

1720年北京·沙城地震示意图

146

北堂藏法文资料》)

殷洪绪传教士在这封信细致地描述了北京和沙城地震的情况，特别指出以下几点：

一、"六月十一日早晨六点三刻"、"地震有两分钟之久"，他特别强调"这是明天更大地震的前奏"。实际上是说六月十一日地震是十二日大地震的前震。

二、指出北京房屋有倒塌。全城人恐惧地震而呼号惨叫。"北京压死一千人。"

三、指出沙城下陷，某村地震出缺口，冒出硫磺气味。

注：殷洪绪（Fran cois—Xarier d'Entrecoller），1663 年生于法国里昂，1696 年（康熙三十八年）来华，1720 年（康熙五十九年）1 月 18 日与苏霖、白晋得康熙召见于乾清宫西暖阁。1741 年 7 月 2 日死于北京。

这次地震，怀来县破坏最惨。据清朝内务府奏折称："康熙五十九年七月十一日奏事官双全等，交来都察院左副都御史杨柱等为查怀来县地方广慈寺倒塌情形之奏折，并传旨：……怀来县广慈寺大门、二门、大殿、两边配殿、僧人所住房舍，以及周围庙墙，均行倒塌或炸裂。"（内务府奏折，康熙五十九年七月十四日。摘译自内务府满文口奏绿头牌白本档）

怀来县不仅庙寺倒塌，各村庄之土房、瓦房震塌十不存一二，而且有大批的人畜死亡和财物损失，内务府大臣董天邦奏折：

"怀来县……三十个庄头呈报：本年六月初八日地震，除庄头金复怀、宋世扑、张骞、王德儒、王英太、王世赞、吴振业所住房屋均已倒塌外，庄头张允、金富齐等二十三个庄头所住瓦房一百八十间，仅存九间；土房一百三十九间，仅存四间。再塌房倒墙压毙庄头一名，壮丁六名，妇女十六名，男孩七名，女孩七名；马二十九匹，骡子八头，牛六十三头，驴七头，猪二百八十三口。毁马槽三百九十三个，煮料锅三十七口，官斗十八个。现奴才等无栖身之处，耕田喂牲口器具，均被压毁，一时不能恢复。"（内务府大臣董天邦奏折，康熙五十九年七月初五日。摘译自内务府满文口奏绿头牌白本档）

这次大地震，据考证，震中在今河北省怀来县以东的沙城，具体震中位置在北纬 40.4°，东经 115.5°。震中烈度为 9 度强，震级为 7 级。

本次大地震的极震区在沙城、怀来、涿鹿。出现沙城下陷，房倒屋塌十之八九，死人甚多。

其破坏区纵长 250 公里，以沙城为园心，向四周扩散，形成密云、赤城、万全、天镇、蔚县、通州为椭圆形的破坏区。

延庆：坏民居，伤人畜。（李钟偁修，穆元肇等撰：《延庆州志》卷之一，星野，乾隆七年刻本，第 16 页）

宣化、龙关：受灾亦重。

怀柔：城墙北面倒塌一十六丈，城垛摇落大半，民居倾坏无数，夜皆露宿。后又连次微动，数日乃止。（吴景果撰修：《怀柔县志》卷二，灾祥，第 22 页。康熙六十年刻本，并见民国二十二年仿印本）

密云：鼓楼与县前仓房屋脊、山墙倾颓，民居大半倒坏，夜皆露宿。（薛天培等修撰：《密云县志》卷一，雍正元年刻本，第 20 页）

北京：房屋墙壁有倒塌者，压死一千人。城墙北面倒塌十六丈。（洪良品撰，缪荃孙辑：《光绪顺天府志》，卷六十九，故事志五，祥异，第 35 页）

通县：城楼多破缺。斗姆宫倾圮。（黄成章撰修：《通州新志》卷六，雍正二年刻本，第 45 页，第 49 页）

蔚县：黑石岭（县东南 25 公里）把总署震圮。（王育榑、李舜臣：《蔚县志》卷二九，乾隆四年刊本。又见乾隆《宣化府志》载："黑石岭把总署，在黑石岭上，旧置。于康熙五十九年地震圮。"）

万全：坏文庙。（注：县志误作康熙五十八年，左承业：《万全县志》

卷一，乾隆十年刊本）

天镇：城楼、城垣坍塌甚多。（胡元朗：《天镇县志》卷六，乾隆四年刊本）

本次大地震的最远记录为600公里，有感面积很大，有记载的地方如下：

河北省：

承德市、赤城、遵化、安次、容城、涞源、安国、沧州市、深县、交河、鸡泽、任丘、宁津、景县、广宗、邢台、永年（旧）、大名等。

河南省：

阳武、内黄。

山西省：

榆次市、浑源、广灵、右玉、翼城。

山东省：

淄川、济阳、德平、恩县、阳信、沾化、陵县、德州市等。

关于本次大地震的极震区和北京市各区县的地震烈度，《中国地震目录》（第二集，分县地震目录）有评定意见，现摘录如下：

极震区：

怀来：震中在本县沙城以东，9度强（第58页）。

沙城：为震中，9度强（第58页）。

涿鹿：本县无单独记录，估计烈度为7—8度（第82页）。

北京市各区县：

北京城区及近郊区（包括大兴、宛平、海淀等）：7度（第38—39页）。

延庆：约6度（第56页）。

怀柔：7—8度（第57页）。

密云：7度左右（第84页）。

通县：6—7度（第80页）。［摘自李善邦主编：《中国地震目录》（第

二集，分县地震目录），科学出版社 1960 年 5 月版，第 38—84 页〕

这次大地震，震动了京城，惊恐了皇家，康熙皇帝下令立即调查地震灾情，并准备赈济。康熙五十九年六月丙辰，"谕大学士等曰：朕闻保安、怀来等处地震，宜速遣大臣前往赈济，若俟部中启奏，恐致迟延，着副都御史杨柱、屠沂，速自京城出居庸关，前往延庆、保安、怀来、沙城等处查阅，一面奏闻加恩，并查验蔚州、广昌、浑源等处，如果被灾，着一并加恩。直隶守道李维钧亦著量带地方官数员，前往赈济。"（《清圣祖实录》卷二八八，第 9 页）这里看出，康熙皇帝对此次大地震十分关切，不等政府有关部门"启奏"调查，"恐致迟延"。而命"速遣大臣前往赈济"。

同年七月丁卯，康熙皇帝谕副都御史杨柱，"尔等前往散赈，毋得爱惜银两，有不足用，即以奏闻，务使百姓均沾实惠，不可速回，待民情安定再行回奏。"（《清圣祖实录》卷二八八，第 10 页）

同年十月癸酉，杨柱向康熙皇帝呈报赈济地震情况，杨柱疏报："延庆、保安、怀来、沙城等处地震，现在遍查被灾之户，散给银两。其蔚州、广昌、浑源等处，已经行查该抚，如果灾重，臣等再行前往。又闻宣化、龙门（即龙关）等处被灾亦重，俟怀来等处赈毕之时，请一体散赈。"这个报告上去，康熙立即谕："怀来、保安、延庆等处，见（现）在加恩。蔚州、广昌、浑源、宣化、龙门等处，查被灾重者，亦着一体加恩。"（《清圣祖实录》卷二八八，第 14—15 页）

*1724*年
河北怀来地震

清雍正二年（1724）河北怀来地震。据《怀来县志》载："（雍正）二年新保安地震，南关城毁。"（朱乃恭、席之瓒：《怀来县志》卷四，光绪八年刊本）

注："新保安"，即今河北怀来西北新保安。

按：新保安城池，"明景泰辛未筑，周围一千二百四十丈，高三丈二尺，基厚一丈六尺，城楼二今存，角楼二，城铺七今圮，门三，池深五尺，阔一丈五尺。万历间……补修砖墙五百四十六丈余，围墙濠堑一千一百二十丈，大砖墙八丈余。旧有南关，雍正二年地震圮，今遗址犹存。"（朱乃恭、席之瓒：《怀来县志》卷四，光绪八年刊本）

又据史载，这次地震，使怀来地裂，"住房倒塌极多，数百居民遭此惨变，均被埋入地下。"（见土观·曲吉尼玛：《阿旺·曲吉加措传》（藏文），第29页。转引自《中国地震历史资料案编》第三卷（上），科学出版社1987年版，第500页）而且波及北京，惊动了大清雍正皇帝，"斯时，大皇帝心存惊悸，在地震未消除前，均与圣者同居一室，曰：'于汝身前，朕心方安'迄后，方有笑容言谈。"（见土观·曲吉尼玛：《阿旺·曲吉加措传》

（藏文），第 29 页。转引自《中国地震历史资料案编》第三卷（上），科学出版社 1987 年版，第 500 页）

　　根据灾情，地震烈度为 6 度，震级为 5 级。震中在怀来县新保安，具体震中位置北纬 40.4°，东经 115.2°。

*1730*年9月
北京大地震

清雍正八年八月十九日，即公历 1730 年 9 月 30 日，北京地区发生大地震。

据《清世宗实录》载："（雍正八年八月）乙卯（十九日）巳刻，京师地震。"（《清世宗实录》卷九七，第 11—12 页）

注：京师即北京。

又据《燕京开教略》载："雍正八年，（耶稣）降生后 1730 年，公历九月三十日京师地震，房屋颓圮，居民压死者约十万余口，宫阙庙宇圮者甚多，南北二天主堂，亦被损伤，皇上特颁库银一千两，赐传教士，以资修葺。"（樊国梁：《燕京开教略》中篇，光绪三十一年刊本，第 67 页）《圣教史略》亦载："雍正八年秋，京师地震猛烈异常，连震二十余次，房屋倒塌甚多，压死人口十万有余，京外附近村庙，死者更多。圆明园与畅春园皇上游憩之所，宫殿楼阁，皆成一片瓦砾，无一存者，皇家诸人皆避入舟中，皮帐露宿。皇上发帑重修被毁屋宇，奚止数百万。京师天主堂虽未倾圮，然亦受损。"（肖若瑟：《圣教史略》卷四，近世纪六，光绪三十一年刊本，第 20 页）

按：以上两条史料都说此次北京大地震"压死人口十余万"，可见这次大地震死伤何等惨重。另外，在《郎世宁传考略》和冯秉正著《中国通史》中也指出此次大地震，北京"压死者近十万人"或"十万以上"。

《郎世宁传考略》载："1730年（雍正八年庚戌）……九月三十日京师地大震，民屋倒坏无数，市民压死者近十万人，南北二教堂亦蒙极大损伤，东堂被害幸少，郎世宁等亦得无恙。"（[日本]石田千之助著：《郎世宁传考略》，贺昌群译，见《国立北平图书馆馆刊》第七卷，3、4号合刊（圆明园专号），1933年8月，第6页）冯秉正的《中国通史》指出："几年前，在1730年9月30日，这地方发生一次历史记载上比较猛烈的地震，不到一分钟，北京十万人以上的居民埋葬在房屋的废墟下。四郊死亡的人更多。许多房屋完全毁坏。震动的方向从东南至西北。葡萄牙人和法国人的住宅，像他们的教堂一样，差不多完全被震圮。"（冯秉正（De Mailla）：《中国通史》第11册，第491页）

本次大地震的震中在北京西郊，具体的震中位置在北纬40.0°，东经116.2°。

破坏最严重的极震区在京西香山至昌平的回龙观一带。据专家考证，北京四郊共有203个村镇有破坏记载，其中京东4村，京南29村，京北40村，京西130村。北京的西城倒塌瓦房和土房共计一万余间，倒墙四千六百余堵，死伤201人。

北京：共塌房屋一万六千余间，占当时北京总房数约4%，颓塌墙一万二千余堵。故宫各殿遭到不同程度的破坏，安定门、宣武门等处城墙裂缝37丈，寺庙及北海白塔、会馆、教堂均遭破坏。死伤人口457名。

大兴：倾县署书房三间。

本次大地震根据破坏程度，地震烈度为8度强，震级约6级。

以下是本次大地震北京建筑物的破坏情况：

1. 衙署倾圮

"雍正中，京师地震，房屋倒塌，压毙极多，吾乡庄方耕宗伯随任大兴县署，书屋三间已倾。"（汤用中：《翼驹稗编》卷七，第40页，《地震获免》，道光二十九年刻本）

2. 官房与民房倒塌

"八月十九日地震，朕即差员，分为五路于京师附近地方察看情形，今据各员奏称：京东、京南及东南、东北四路地觉微动……惟京之西北沙河，昌平及西山相近村庄，房屋倒塌甚多，人口亦有损伤等语。"北京西郊共有203个村庄有地震破坏记录。西城倒塌瓦房和土房共一万余间，倒墙四千六百余堵。北京城共塌房屋一万六千余间，倒墙一万二千余堵，故宫各殿遭不同破坏。安定门、宣武门等处城墙裂缝37丈。

3. 白塔惨遭破坏

白塔在皇城西北隅，创自顺治八年辛卯，世祖章皇帝从喇嘛恼木汗所请而俾之驻赐，结香讽呗祝厘者也。雍正八年八月地震，"查白塔东北角及西南角震陷斜缝。"（雍正八年十二月初八日总管内务府奏，摘译自雍正八年内务府白本满文档）"雍正九年正月，内蒙派监修，随查（白塔）塔身塔座彻底闪裂，必须进行拆卸重修。"（雍正九年十一月初七日总管内务府奏，雍正九年奏销档）

4. 寺庙与会馆受损

圆觉禅寺：在三里河路北。董邦达《重修圆觉寺碑略》载："寺为明嘉靖间中涓某建，本朝雍正八年地震渐就圮。"（于敏中等撰：《日下旧闻考》卷九五，清乾隆间武英殿刻本。

注：圆觉禅寺在今阜成门外三里河）。

崇元观："元刘銮塑神像在京都紫禁城内崇元观，形貌皆神气如生，雍正八年上元余特至其处，计自元至今四百余年，像饰完好，九（八）年春再过，半为八年八月十九日地震崩坏，可知此番地震，乃数百年所未有

也。"〔鲍珍:《裨勺》(不分卷),赐砚堂丛书本,清道光年刻本〕

全浙会馆:在北京土地庙斜街,创于给事寄园赵天羽,康熙间捐作会馆。"有门有基,有堂有楼,厢庑庖湢之属,咸具焕然。后不戒于火,复值地震(雍正八年八月地震),向之巍峨之巨丽,几欲荡为废墟。"(雍正十二年《重修全浙会馆碑记》,石刻)

芜湖会馆:"京师芜湖会馆,创建已数百年,坐落中城东长巷三条胡同南口外高庙对过。……雍正八年八月地震,对门铺面复倒,未经盖造。"(余谊密、彭萃文、璞文波等撰:《芜湖县志》卷十七,建置志,会馆第1页,民国八年本)

安庆义园:在北京崇文门外地名四眼井,"有江南安庆义园,盖前明吾乡先达所共倡建者也。其东为瘗埋之区,缭之以房六七间,其西为关帝庙,其后为佛殿,向因地震倾颓,木瓦久为人攫去。"〔(清)乾隆六年《重修义冢碑记》,见《安庆义园条例》,不分卷,清代刻本。

注:"地震倾颓",指雍正八年八月地震。〕

歙县会馆义地:在永定门外石榴庄,有房十余间,内供神像。雍正八年地震,后墙及神座捐输。雍正九年对该馆义地房屋进行修茸。(徐上镛:《歙县会馆录》二卷,清道光年刻本)

注:歙县会馆系安徽省歙县驻京会馆。

抚州会馆和临川会馆:系江西省驻京会馆。明时,江西仕宦称盛,在京多设会馆,故有江西会馆多于天下,省馆四,郡馆十,县馆亦数十,抚州为大郡,临川为大县,在京设会馆。北京象房,即为抚州会报旧址,在宣武门大街东,东西两区五十有三间,西宅皇堂稍壮,因署为抚湖会馆,东宅为临川会馆,雍正庚戌地震,屋大圮,重加修茸。(李绂:《穆堂别稿》卷十二,第10页,《京城抚州,临川二会馆记》。乾隆丁卯年刻本,奉国堂藏版)

江夏会馆:在北京东草厂十条胡同,原系贺文忠公故居,建于明天启年间。贺文忠公在朝二十余年,被诬削籍旋里,时将草厂十条胡同住宅捐

出，作为湖北驻京会馆。至雍正八年北京大地震，馆被毁，地基为公家收去。（参见《湖北江夏会馆沿革》）

按： 东草厂十条胡同，在今前门外西兴隆街东端之南。今仍称草厂十条胡同。

建宁会馆： "康熙乙巳，少司寇山公郑老先生以旧馆入内城颇远，集金售得北城灵中坊琉璃厂四十间，洪姓业，东至本馆墙基，南至王宅墙，西临大街，北至晋江会馆墙，乃构斯馆，雍正己酉（七年）地震后堂庭颓圮，木植瓦石，更无一存，仅留临街门房五间。"（李石芝：《闽中会馆志》卷三，乾隆二十年《重修建宁会馆碑记》，清代刻本）

注：原碑记为"己酉"（七年），据古文献，是年无破坏性地震，疑为"庚戌"（八年）之误。

又注："北城"无灵中坊，应在南城。

按： 建宁会馆在今琉璃厂西南柳巷内。

贵州西会馆： "彰义门三里而近，贵州西会馆，其为屋南向者，凡九间，东西厢共十间，雍正八年八月地震，东南皆安堵，而西北（倒圮）为甚，西馆适当其冲，屋壁尽颓，椽檐或倾圮，居于馆者露处一昼夜。"（陈法圣：《定斋先生犹存集》卷五，《重修贵州西会馆记》，道光十四年刻本）

按： 贵州西会馆在今广安门内大街。

雍正皇帝对此次大地震极为关注，多次亲自下旨，派大臣亲自到灾区调查，给灾民发放赈济银两。据《清世宗实录》载："（雍正八年戊午）命鸿胪寺少卿顾祖镇、内务府郎中鄂善、户部郎中阿兰泰带内库银二万两，前往京师附近地方，察看地震情形，加恩赈给。"（《清世宗实录》卷九七，第13页）又据《雍正上谕》载："（雍正八年八月）二十二日奉上谕：八月十九日地震，朕即差员，分为五路于京师附近地方察看情形，今据各员奏：京东、京南及东南、东北四路地觉微动，房屋并未坍塌，人口俱各平安，惟京之西沙河，昌平及西山相近村庄，房屋倒塌甚多，人口亦有损伤等语。朕心深为轸念，著派出鸿胪寺少卿顾祖镇，内务府郎中鄂善，户部郎中阿兰泰，带内库银二万两，速行前往，会同地方官逐户挨查，房屋倒塌者，给与修理之费，人口伤损者，加恩赈恤，毋致遗漏，倘所带银两或有不敷，著该员等即行奏请再给。"（《雍正上谕》，雍正八年八月，第11页，《史料丛编》本）

雍正皇帝令大臣分询北京城内东、西、南、北、中五城民房倒塌情形，并发帑金。《大清会典事例》载："（雍正八年）谕：昨午地震，兵民房屋墙垣必有颓塌者，其内外城居民，每城令满汉御史各一人，分询民间房屋倒塌，墙垣倾颓者，作速分别具奏，朕将加恩尝给，钦此。遵旨查勘，给中城银七百八十四两有奇，东城三千五百十六两，南城八百六十五两，西城一万二千三百六十两有奇，北城一万三千六百七十两有奇，均发内帑赏给。"（《大清会典事例》卷二七〇，清刊本）

雍正皇帝对维护其封建统治的主要柱石八旗兵丁更是关怀备至，恩赏有加，地震当日，即发出上谕："今日地震，八旗兵丁房屋墙垣必有坍塌者，朕心深为轸念，每旗著各赏银三万两，满洲旗分人多，蒙古汉军旗分人少，此所赏银两不可拘定旗分，著该都统等按各佐领人数均匀分给，务令共沾实惠。圆明园八旗兵丁每旗著各赏银一千两，以为修葺屋宇之用。"（《雍正上谕》，雍正八年八月，第8页，《史料丛编》）地震的次日，即八月二十日，雍正皇帝召见大臣张廷玉，又降旨："赏八旗人等银四十八万两，盖每旗六万也。"［（清）张廷玉：《澄怀主人自订年谱》卷二，光绪六年刊本］所以，雍正赏给八旗兵丁每旗由三万两增加到六万两。

雍正皇帝对自己的宠爱大臣张廷玉尤其照顾，赐予张廷玉蒙古包供一家人在庭院抗震，并赐一万两白金，以为修葺屋宇之用。正如张廷玉写道："地动之夕，不敢入寝室，合家露处于外。次日，上赐御用蒙古包一座，命武备院官员亲赍安设于庭院中，惟幕毡席之属无一不备，宽广精洁，目所未睹，虽王公之家，不能得也。越数日，赐白金一万两，为修葺

158

屋宇之用。"〔（清）张廷玉：《澄怀主人自订年谱》卷二，光绪六年刊本〕

雍正皇帝为了巩固统治地位，安抚守边大将军，稳定边远将士军心，对本次北京大地震及时做了通报，但将实际灾情做了以大化小的描述："谕宁远大将军等：京师于八月十九日巳时地震，当时即停，不为大患。近京东南正北各路，地觉微动，较京更轻，惟西北稍重，不过百里而止。"（护理宁远将军纪成斌奏折，雍正八年九月十六日）对京城内外的破坏和自己内心的恐惧，做了虚假的掩饰。他说："京城内外及圆明园地方俱好，朕躬甚安。"（护理宁远将军纪成斌奏折，雍正八年九月十六日）但也不得不对此次震灾做些轻描淡写的披露："此番地动，较往年略重，其年久之房屋墙垣有坍塌者，微贱老病之人，略有损伤，亦不过千万中之一二。"（护理宁远将军纪成斌奏折，雍正八年九月十六日）为安抚出兵在外的将士，他说："出兵之大小官员凡有家口之在京城内外者，朕今细加访查，悉皆平安无恙。"（护理宁远将军纪成斌奏折，雍正八年九月十六日）最后他说出掩盖震灾的真实意图："军营离京甚远，恐道路传闻不确，致生疑虑。"（护理宁远将军纪成斌奏折，雍正八年九月十六日）京城镇边的大将军家眷有死伤，必然影响前线大将军们的军心，对于稳定地震灾后的社会秩序很有影响，所以他做了掩盖巨灾的真实情况的上谕。

雍正皇帝对此次大地震内心是十分恐惧的，怕地震砸死自己，在露天帐幕中居住一月余。"今年八月十九日地动，朕心恐惧修省……今经一月矣，地气尚未全宁，或日或夜尚微动一二次，昨又两次值阴雨。……今者地动之象，久而未定，虽当日曾经皇考训谕曰：'大动之后，必有微动'，康熙十八年亦动至一月有余……朕身居帐幕之中，瘯瘰悚惕，寝食靡宁者已一月有余矣。"（《雍正上谕》，雍正八年九月，第9—10页，《史料丛编》本）

此次大地震有感面积很大，有地震记载的地方如下：

河北省：武清、安新、容城、邢台市、三河市、宝坻、宁河、万全、深县、新城、安国、涿县、蓟县、徐水、束鹿、获鹿、井陉、赞皇、藁城、南和、平乡、广宗、沧州市、阜城、任丘、交河、安次、庆云、定兴、景县、东光、蔚县、卢龙、山海关、遵化、涞水、枣强等。

山西省：天镇（该县志误作十七日地震）、万泉、和顺等。

山东省：德平、平原、临朐（该县志未记地震日）、章丘、乐陵、淄川等。

辽宁省：绥中等（见各该县县志）。以上县市均有震感，最远记录达450公里。大震之后，一个多月不断出现余震。

附录一

雍正八年北京各城居民房墙颓塌数目（地震历史资料组编）

故宫博物院档案馆藏有六本标题"居民房墙颓毁数目"清册，各册的原题如下：

西城内外城居民颓塌房墙数目清册。

西城关外及宛平县接连村庄居民颓塌房墙数目清册。

北城内外城并关厢居民房墙颓塌数目清册。

北城关外等处并大兴宛平两县各村庄居民房墙颓塌数目清册。

中城地方居民倒塌房屋墙垣清册。

南城内外地方并宛大两县附近村庄居民房墙颓塌数目清册。

注：原应有东城清册，今已失。

从上六册各记录了有关城区各坊或各村倒塌房屋、墙壁和损伤人口的数目，房屋分"瓦房"和"土房"两种，墙壁分"砖墙"和"土墙"两种。个别册子记有"石板房"和"石墙"。

统计六个清册所载颓塌房墙总数，共计倒塌房屋 14655 间，颓塌墙壁 10802 堵，损伤人口 457 名。其中不含颓塌的石板房 206 间半，石墙 397 堵，亦不含颓塌的砖墙 434 堵和土墙 6 堵。（参见表 1）

六个清册没有记明作成年代。根据档案馆的意见：各册书写的字体是清初的字体，所用的纸张，不是单叶纸，而是"复叶纸"，可推知为康熙以后所写。又从册内所记人名遇"弘"字不避讳，仍写作"弘"，可推知它是乾隆以前所写。总之，从清册本身所含的各种特点判断，它们是雍正年间所造，是最可能的。

六个清册原来也没有说明房屋倒塌的原因，我们检查了这一时期的有关史料，除了地震以外，没有发现可以造成这样严重破坏情况的事件，它们是雍正八年之后的调查报告，是最可靠的。

《大清会典事例》记载雍正八年地震后，雍正帝所派遣满汉御史到各城清查房屋倒塌墙垣颓的情况，并给予各城赈款，计西城 12360 两，北城 13670 两，中城 784 两，南城 865 两，东城 3516 两。以银两数同倒塌房屋数推算，中、南、西、北各城赈款银数的比数和中、南、西、北各城倒塌房墙数的比数相符。（参见表 2）

根据以上两点，档案馆的意见和我们推算的结果，可以断定这些清册是雍正八年地震后实际调查的报告。东城倒塌房墙数目清册业已遗失，但是我们可以从东城赈款数中所占的份数推算出来。计东城约倒房 1780 间，塌墙 1330 堵。

根据以上的推算，在雍正八年九月的地震中，北京民房倒塌情况如下：总计倒塌房屋 16435 间，颓塌墙壁 12132 堵，颓塌石板房 206.5 间，颓塌石墙 397 堵，颓缺砖墙 484 堵，颓缺土墙 6 堵。

附录二

为了说明雍正八年北京地震遭受破坏房屋的百分比，因而需要知道当时房屋的总数，但雍正朝房屋总数的文字记载或图表说明均未发现，仅找到一部乾隆十五年绘制的《乾隆京城全图》。乾隆十五年距雍正八年不过二十年，故权以此作为统计乾隆时期北京的房屋总数。乾隆十五年左右北京房屋数的估计（北京地震调查组编制）参见《清乾隆年间北京房屋统计略表》。

《乾隆京城全国》共十七册，全城皇宫、衙署、寺庙、民居都一间一间地罗列在图上，因实际分布极不规则，且数目巨多，故不可能每本都详细数。

根据第一册、第十六册和第十七册这三册的实际数后的经验，对单位面积上房屋的分布情况有了一个粗略的估计（每平方厘米面积上分布的房屋约 14 间），在这个基础上，对其余绝大部分没有详细数的房屋进行估计，估计的步骤方法如下：

六个人分别估计出每一册的数目和十七册的总数。将此六个不同的总数相加平均，得出总平均数（417900 间）。

将六个人得出的每一册的六个不同数目分别按册平均（个别太大或

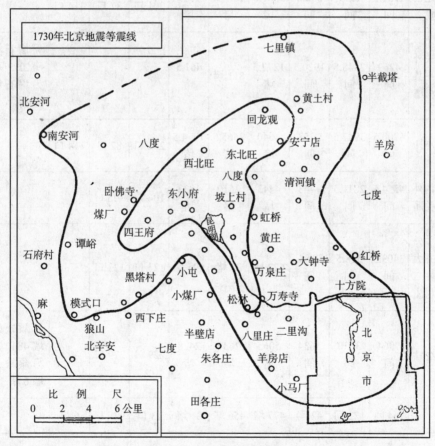

1730 年北京大地震等震线示意图

注：摘自国家地震局地球物理研究所编：《北京及邻区地震目录汇编》，第 19 页。

太小的除去），得出每一册的最大可能数。将此十七册的最大可能数相加，得出平均总数（420150 间）。（摘自《中国地震资料年表》）

表 1 清雍正八年地震北京颓塌房墙统计表

（据北京故宫博物院文献馆藏北京各城居民房墙颓塌数目清册）

项目 城别	颓塌房数			颓塌墙数			损伤人数			备注
	总房数	瓦房	土房	总墙数	砖墙	土墙	人口总数	大口	小口	
西城之内城外城	1931.5间	1599间	332.5间	3367.5堵	1854.5堵	1513堵	201口	87口	114口	
西城关外及宛平县接连村庄	4269间	2348.5间	1920.5间	1272.5堵	811堵	461.5堵				另塌石板房206.5间，另塌石墙307堵
西城小计	6200.5间	3947.5间	2253间	4640堵	2665.5堵	1974.5堵	201口	87口	114口	
北城内外城关关厢	4554.5间	2811.5间	1743间	4443堵	2610堵	1833堵	106口	106口		
北城关外等处并大兴宛平二县各村庄	3409.5间	518.5间	2891间	622堵	27堵	595堵	123口	123口		
北城小计	7964间	3330间	4634间	5065堵	2637堵	2428堵	229口	229口		另颓缺砖墙484堵，另颓缺土墙6堵
中城	164间	122间	42间	477堵	456堵	21堵	13口	7口	6口	

164

项目 城别	颓塌房数			颓塌墙数			损伤人数			备注
	总房数	瓦房	土房	总墙数	砖墙	土墙	人口总数	大口	小口	
南城内外地方并宛大两县附近村庄	326.5间	275间	51.5间	620堵	312.5堵	307.5堵	14口	14口		
总计	14655间	7674.5间	6980.5间	10802堵	6071堵	4731堵	457口	337口	120口	

摘自北京市地震地质会战办公室编:《北京地区历史地震资料年表长编》。

注:《中国地震资料年表》关于西城之内外城总房数为1391.5间,总计为14115间,疑误。

表2　雍正给予各城赈款数与各城颓塌房墙及损伤人口比数的比较

项目及% 城别	赈款数(单位两)	%	颓塌房数(单位间)	%	颓塌墙数(单位堵)	%	损伤人口数	%	备注
西城	12360	44.6%	6200	42.3%	4640	42.95%	201	44.17%	表1备注栏所载倒塌石板房、石墙未计入
北城	13670	49.4%	7964	54.34%	5065	46.89%	229	50.01%	
中城	784	2.8%	164	1.12%	477	4.41%	13	2.84%	表1备注栏所载颓缺砖、土墙数未计入
南城	865	3.1%	326	2.22%	620	5.73%	14	3.00%	
总计	27679	100%	14654	100%	10802	100%	457	100%	

注:赈款中有给予东城的数字,清册中东城部分已失,故东城赈款未计算在内,只就西、北、中、南城作上述比较,此表转引自《中国地震资料年表》。

表3 清乾隆年间北京房屋统计略表

	（Ⅰ）	（Ⅱ）	（Ⅲ）	（Ⅳ）	（Ⅴ）	（Ⅵ）	最大可能数
第一册	13600	14300	13000	11100	12300	13900	13900
第二册	35100	30900	30500	34000	36800	33700	33500
第三册	37400	36800	36500	36050	39300	39100	37500
第四册	35400	35400	35400	33500	38000	35000	35400
第五册	29200	29327	29300	30350	31800	29000	29200
第六册	30700	27500	37500	26400	21300	27900	28500
第七册	28800	28100	28000	27350	31700	28900	28800
第八册	30300	28800	27000	29900	33500	29700	29900
第九册	30300	31000	28500	27800	35500	28800	29700
第十册	30900	31800	30000	26500	32300	29400	30900
第十一册	25800	26600	25100	23800	31200	26400	25900
第十二册	34100	33460	33560	30720	35400	33300	34000
第十三册	33500	24600	28200	29400	32200	31100	32900
第十四册	21400	17600	17868	26100	19200	20000	19200
第十五册	10400	8300	7518	8000	7900	9890	8700
第十六册	1300	1126	770	675	1920	1200	1126
第十七册	1000	810	900	900	1000	1025	1025
总和	429200	406323	409556	402545	441400	418305	420151

注：①凡数字下面加有曲线 ＿＿＿＿ 者，是经详细数过的。②宫殿、衙署、寺庙未统计在内。③罗马数字代表不同的六个计数数字（略）。转引自地震考古组编:《北京地区历史地震资料年表》，第67页。

*1746*年*7*月
北京·昌平地震

清乾隆十一年六月十二日，即阳历 1746 年 7 月 29 日，北京·昌平等地发生地震。

据《乾隆实录》载："（乾隆十一年六月）丁丑谕：昨夜戌时，京师地觉微动。"（《乾隆实录》卷二六八，第 24 页）又载马尔拜奏："古北口地方本月十二日亥时无风，窗纸微响，顷刻即止，臣觉为地动。饬查营中兵民，有言微觉地动者，亦有全未知觉者。复查沿边居民，亦俱宁静无常。"（《乾隆实录》卷二六九，第 3 页）乾隆十一年六月甲午，直隶总督那苏图奏："昌平、通州各属六月十二日地中微震。"（《乾隆实录》卷三六九，第 33 页）直隶河道总督高斌奏："臣于（六月）十二日早自京起身，过卢沟桥四十里永定河南岸头工地方住宿。初更时，地微动，众人多有惊觉。"（直隶河道总督高斌奏折，乾隆十一年六月十二日）

根据以上乾隆皇帝谕和大臣们的奏折，乾隆十一年六月十二日，北京、古北口、昌平、通州等地均有地震，这是不争的事实。后来我们发现直隶总督那苏图在此年的六月十八日和六月二十八日的奏折中，反映良乡、顺义、宛平、大兴、延庆卫、延庆州、怀来县、宣化县、保安州、霸州、固安、文安、永清、房山、昌平州、涿州、密云等地均有地震。直隶总督那苏图奏："据昌平州禀称：十二日戌刻地中觉有微动，自西北而来，在城民庐舍宇，并无摇撼，间有土墙坍塌之处，民间并无惊恐，各皆安帖等情。又据通州、良乡、顺义、宛平、大兴等处各禀报情形相同。"（直隶总督那苏图奏折，乾隆十一年六月十八日。又见：国家档案局明清档案馆编：《清代地震档案史料》，中华书局 1959 年 4 月版，第 4—5 页）"兹据差员回报禀称：查得昌平以北之延庆卫、延庆州、怀来县、宣化县、保安州（今河北怀来西北新保安），均于六月十二日戌刻地中微动即止。城乡人民亦有未及知觉者，并无摇撼民居损坏墙垣之事，居民相安，并查据霸州、固安、文安、永清、房山、涿州、怀柔、密云等州县禀报相同。"（直隶总督那苏图奏折，乾隆十一年六月二十八日。又见：国家档案局明清档案馆编：《清代地震档案史料》，中华书局 1959 年 4 月版，第 5—6 页）

根据昌平"间有土墙坍塌之处"，证明此次地震烈变为 6 度，震级为 5 级。具体震中位置在北纬 40.2°，东经 116.2°。以昌平为震中，波及周围二十余县市，特别惊动了乾隆皇帝，多次向直隶总督等大臣下达调查实情之谕。

*1772*年**3**月
河北灵寿地震

　　清乾隆三十七年正月二十七日，即阳历 1772 年 3 月 1 日，河北灵寿县发生地震。

　　据《灵寿县志》载："乾隆三十七年正月二十七日辰刻地震，数日方息，屋舍倾圮，秋大雨伤禾。"［（清）刘赓年：《灵寿县志》卷三，同治十二年刊本］又据"屋舍倾圮"、"数日方息"的震情，地震震中就在灵寿县，地震烈度为 6 度，震级为 5 级。具体的震中位置在北纬 38.3°，东经114.4°。

　　按：河北灵寿县在北京西南方，距京 175 公里，这次地震没有对北京造成影响，至少在笔者所查过的古籍和各种地方志中，没有看到北京在这一天同时发生地震的记载。但因这次地震是破坏性地震，地震烈度达 6级，震级为 5 级，足以造成破坏之威力，故也作为研究对象，权自作为北京地震史或北京史研究者参考。

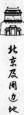
*1791*年2月
河北深县地震

　　清乾隆五十六年正月初九日，即阳历1791年2月11日，河北深县发生较大规模的地震，一时地震有声如雷鸣，房屋倒塌，地动断断续续长达十个月之久。

　　据河北深县《重修观音堂碑记》载："乾隆五十六年正月初九日地动，房屋倒塌□动十个月。"（嘉庆八年岁次癸亥六月上旬立碑。摘自《河北深县地震调查报告》）《深州志》亦载："（乾隆）五十六年春正月地震有声，如雷鸣，民屋有摇圮者。"（张辂东、李广滋：《深州志》卷九，道光七年刊本）

　　注：□者，为碑上文字脱落空缺处。

　　又注：深州即今河北深县，距北京150多公里。又据《获鹿县药王庙碑记》载，"重修药王庙序：……我药王庙者，旧属券窑，系康熙年间唐老师祖创建，规模诚巩固矣。不意乾隆五十六年正月间，忽然地动，基址遂为崩烈。"（《获鹿县药王庙碑记》拓片）

　　笔者考：据以上"房屋倒塌"、"民屋有摇圮者"，药王庙基址"崩裂"，说明本次地震震中在深县，具体震中位置在北纬38.0°，东经115.5°。其地震烈度为6度，震级为5级。

本次地震波及面较大，河北省南部和山东省北部都有震感，有地震记载的县市如下：

　　河北省：

　　灵寿县："（乾隆）五十六年正月初九日地震。"（刘赓年:《灵寿县志》卷三，同治十二年刊本）

　　武强县："（乾隆）五十六年春正月地震。"（翟慎行:《武强县新志》卷一〇，道光十一年刊本）

　　南宫县："乾隆五十六年正月初九日地震。"（周杙、陈柱:《南宫县志》卷七，道光十一年刊本）

　　山东省：

　　济南市："（乾隆）五十六年正月初九日地震。"（王赠芳、成瓘:《济南府志》卷二〇，道光二十年刊本。并见《清史稿·灾异志》）

　　临邑："乾隆五十六年正月初九日卯时地震。"（沈淮:《临邑县志》卷一六，道光十七年刊本）

　　陵县："乾隆五十六年庚戌正月地震。"（沈淮、李图:《陵县志》卷一五，道光二十六年刊本）

　　按：乾隆五十六年为辛亥年，"庚戌"，误。

　　齐河县："乾隆五十六年正月地震，夏秋霪潦，田禾被淹。"（杨豫修、阎廷献:《齐河县志》卷首，民国二十三年刊本）

　　平原县："乾隆五十六年正月初九地震。"（曹梦九、赵祥俊:《平原县志》卷一，民国二十五年刊本）

*1795*年8月
河北滦县地震

清乾隆六十年六月二十一日，即阳历 1795 年 8 月 5 日，滦县地震。

据《滦州志》载："（乾隆）六十年六月二十一日亥刻地大震，移时又震，至秋七月十五日乃已。"（原注：邑南村中井溢，地裂，涌沙水。）（吴士鸿、孙学恒：《滦州志》卷一，嘉庆十五年刊本）

按：《永平府志》也有上述同样地震记录。

注：滦州，即今河北滦县。

根据以上灾情，此次地震震中在滦县，具体震中位置在北纬 39.7°，东经 118.7°。震中烈度为 8 度弱，震级为 6 级。波及范围有天津、蓟州、东光、交河、沧州、景县等县市。这些县市均载："乾隆六十年六月二十一地震。"（吴惠元、蒋玉虹：《天津县志》卷一，同治九年刊本。沈锐：《蓟州志》卷二，道光十一年刊本。周植瀛、吴浔源：《东光县志》卷一一，光绪十四年刊本。高步青、苗毓芳：《交河县志》卷一〇，民国六年刊本。张凤瑞、张坪：《沧县志》卷一六，民国二十二年刊本。张兆栋、张汝漪：《景县志》卷一四，民国二十一年刊本）

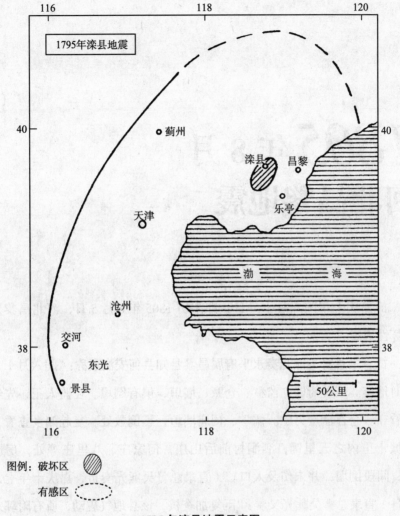

1795年滦县地震示意图

图例：破坏区 ⬚　有感区 ⬚

注：摘自国家地震局地球物理研究所编《北京及邻区地震目录汇编》，第20页。

*1805*年8月
河北昌黎地震

　　清嘉庆十年闰六月十一日，即阳历 1805 年 8 月 5 日，河北昌黎发生破坏性地震。

　　据直隶总督吴熊光奏永平府属昌黎县知县何安澜禀称："闰六月十一日丑时地震。该县衙署、监狱、仓厫、墙垣，俱有倒塌。在监人犯，先经提出看守。仓谷盘量另贮。儒学、祠庙墙垣，震倒数处。复赴四乡查看，惟近城十里内之五里铺，泗涧村前后山庄，何家庄、八里庄等处，房屋墙壁，间段倒塌，并未伤及人口。"（直隶总督吴熊光奏折，嘉庆十年七月初一日）直隶总督吴熊光又奏："臣复加查核，该县地气震动，所有附郭东西之前后山庄……此次被震坍房，共计二百三十五间。"（直隶总督吴熊光奏折，嘉庆十年七月）

　　根据破坏建筑物情况，震中就在昌黎县县城，具体震中位置是北纬 39.7°，东经 119.2°。

　　地震烈度为 7 度，震级在 $5\frac{1}{2}$—6 级。

　　按：河北昌黎距北京 200 公里，在北京之东，有破坏性地震出现，应该引起北京的警惕和注意，因北京是首都，设防安全圈应该更大一些。

1815 年 8 月
天津地震

清嘉庆二十年七月初一，即阳历 1815 年 8 月 5 日天津地震。

据《续天津县志》载："（嘉庆二十年）七月初一日亥时地震，次日寅时复震，房屋有覆者。"（吴惠元、蒋玉虹：《续天津县志》卷一，同治九年刊本）

注：天津县，即今天津市。

"房屋有覆者"，即房屋有坍塌者。

根据房屋有倒塌之震情，地震烈度为 6 度，震级为 5 级。震中在天津以东的渤海内，具体震中位置在北纬 39.0°，东经 117.5°。

另外，宁津、沧州、景县、东光等县亦有地震记载："嘉庆二十年七月朔亥时地震，次日复震。"（祝嘉庸、吴浔源：《宁津县志》卷一一，光绪二十六年刊本。张凤瑞、张坪：《沧县志》卷一六，民国二十二年刊本。耿兆栋、张汝漪：《景县志》志一四，民国二十一年刊本。周植瀛、吴浔源：《东光县志》卷一一，光绪十四年刊本）

*1880*年9月
河北滦县地震

清光绪六年七月十三日、八月初二，即阳历 1880 年 8 月 18 日、9 月 6 日滦县发生地震。

据《滦州志》载："（光绪）六年庚辰秋七月十三日地震有声，自乾趋巽，到八月二日大震，东城堞垣圮丈余。嗣后连日震，日或一二次，或四五次。……近九月声始息。"（杨文鼎、王大本：《滦州志》卷九，光绪二十四年刊本）

注："滦州"，即今河北滦县。

按：《中国地震资料年表》误为"至八月二十六日（9 月 30 日）大震"。这一错误，又被国家地震局地球物理所编的《北京及邻区地震目录汇编》所引用。（《北京及邻区地震目录汇编》，第 20 页）

笔者认为，地震使滦县城墙倾圮丈余，震中自然在滦县，具体震中位置在北纬 39.7°，东经 118.7°。地震烈度约 6 度，震级为 5 级。

此次地震没有对周围县造成影响，因为始终没有查到周围县同日或稍前稍后有地震记载。

*1882*年 12 月
河北深县大地震

清光绪八年十月二十二日，即阳历 1882 年 12 月 2 日，河北深县大地震。

据直隶总督张树声奏："本年十月二十二日申刻，保定省城微觉地震，顷刻即止，人民房屋俱无伤害。正在饬查间，据深州直隶州知州朱靖旬禀称：是日申酉之间，该州忽有声自西北而来，向东南而去。声过之处，地皆震动。塌伤东南城壁二块，垛口三十余个，监墙二丈余。州署及书院，贡院房墙，并四街民房，均有坍塌臜裂。……城北之郭家庄等村，城西之杜家庄等村，西北与安平、束鹿毗连之张村等，同时震塌房屋，间有伤毙人口。……续据该州朱靖旬禀称：十月二十二地动后，复连次震动。其二十六日一次，续塌城垛、官署、民房甚多，先后报灾者，四十五村，最重者郭家庄等十八村。该十八村房屋已倒塌过半，余房亦多损裂不堪栖止。计该州所属郭家庄、北安等庄，先后压毙妇女幼孩等共十一口。……又据束鹿县知县于蘅霖禀称：该县北路之双井，北庞营二村，亦于本月二十二日申刻地动，倒塌房屋较多，情形甚重，压伤人口，均不致于毙命。其附近之南庞营等村，间有倒塌房屋，情形较轻。此外城乡，亦均于是日并二十五、二十九等日，微动数次，顷刻即止，俱无倒塌房屋

177

等情。……"（署直隶总督张树声副奏折，光绪八年十一月十四日）又据监察御史贺尔昌奏："直隶深州一带数百里内，于十月二十二、二十三、二十五、二十八等日，屡次地震有声，官廨城垣间有损坏，民房倒塌无数，并压毙人口若干。"（监察御史贺尔昌奏折，光绪八年十一月二十日）

《益闻录》亦载了此次大地震的灾情："前月二十二日下午四下钟时，直隶深州一带西至获鹿县约三百余里，忽然地震，倾山倒海几同地覆天翻，所有衙署坍毁甚多，民屋半皆仆裂，死伤人畜，不可胜言。"（《益闻录》，光绪八年壬午十二月初二日）

根据以上灾情，深县四十五村受灾，其中十八村最重，房屋倒塌过半，死伤人口十一人。笔者认为深县是本次大地震的震中，具体震中位置是北纬 38.1°，东经 115.5°。地震烈度为 8 度，震级在 6 级以上。

破坏区有束鹿和安平县：束鹿县在深县西南，安平县在其西北，紧紧相连，地震发生时，"同时震塌房屋，间有伤毙人口"（见下图）。

有感面很大，有地震记载的地方如下：

1. 北京

"十月二十三日观象台值班官生报称：

二十二日申正三刻，地震微动一次。"（管理钦天监事务奕谅等奏折，光绪八年十月二十四日）

2. 保定

"光绪八年十月二十二日未刻地震。"（李培祜、张豫垲：《保定府志》卷四，光绪十二年刊本。又见：署直隶总督张树声副奏折，光绪八年十一月十四日）

3. 定兴

"光绪八年十月二十二日地震。"（张谐之、杨晨：《定兴县志》卷一九，光绪十六年刊本）

4. 新城

"（光绪）八年十月二十二日地震。"（张炳、王锷:《新城县志》卷一,
光绪二十一年刊本）

5. 望都

"光绪八年十月二十二日地震。"（陈洪书、李星野:《望都县新志》卷
七,光绪三十年刊本）

6. 南皮

"光绪八年十月二十二日甲时地震。"（殷树森、汪宝树:《南皮县志》
卷五,光绪十四年刊本）

7. 交河

"（光绪）八年十月二十二日地震。二十五日复震。"（高步青、苗毓

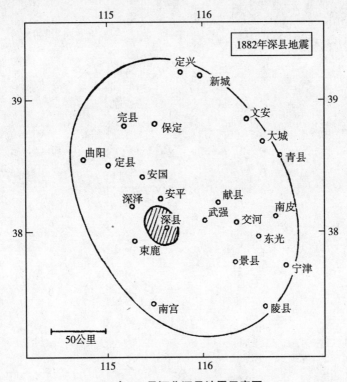

1882 年 12 月河北深县地震示意图

摘自国家地震局地球物理研究所编:《北京及邻区地震目录汇编》,第 21 页。

芳:《交河县志》卷一〇，民国六年刊本）

8. 东光

"光绪八年十月二十二日地震，屋撼有声。二十五日复震。"（周植瀛、吴浔源:《东光县志》卷一一，光绪十四年刊本）

9. 山东省宁津县

"（光绪八年）十月二十二日地震，屋有撼声。二十五日复震。"（祝嘉庸、吴浔源:《宁津县志》卷一一，光绪二十六年刊本）

另外，献县、景县、南宫、曲阳、大城、大名、青县、文安、武强、饶阳，安国、深泽、定县等均震。（参见《北京及邻区地震目录汇编》，第21页）

*1888*年6月
渤海湾大地震

　　清光绪十四年五月初四日，即阳历 1888 年 6 月 13 日，渤海湾发生了一次特大地震，造成大批房倒屋塌，地裂涌黑水。城墙倾圯，寺庙颓毁，甚至造成人员死亡。地震使二十多个县受到不同程度的破坏，五十多个县市受到影响。连北京、天津、沈阳、济南等著名城市也受到不同程度的破坏和影响（见简图）。

　　据管理钦天监事务奕谅等奏："臣监观象台值班官生报称：五月初四日申正二刻，西北方起地震动二次。"（管理钦天监事务奕谅等奏，光绪十四年五月初六）《清史稿》载："（光绪十四年）五月乙卯（初四日），京师、奉天、山东地震。"（《清史稿·德宗本纪》，又见《光绪朝东华录》卷八九，宣统刊本，第 10 页）

　　按：京师即北京市。奉天，今辽宁省沈阳市。

　　又据《申报》对这次大地震在天津的灾情做了如下刊登："地震述闻：昨得电传，知初四日下午四点钟起，至十点钟止，津沽一带地震数次，并悉京城亦同时地震。"（《申报》，光绪十四年戊子五月初六日）

　　（注：津沽，指天津，大沽口。）"详述津沽地震：天津地震已据电报译登。……

震起于初四日午后四点钟越二十分时。初时房屋门窗嘎嘎作响，继而壁间字画摇摇如悬旌，所挂之灯更有从空堕下者。居人头晕眼花，骇不知其所以，相率走避街头。一时男子呼号声，妇女啼哭声，杂以鸡鸣声，犬吠声，墙壁塌倒声，纷若乱丝，毫无头绪，约三分时始止，至六点一刻后复震三次，直待钟鸣七点始得安谧如常。"（《申报》，光绪十四年戊子五月初十日）另外，《字林西报》有更详细的描述："（一八八八年）六月十三日下午三、四时之间，天津发生一次地震，为外国人侨居此处以来最猛烈之一次。房屋墙壁剧烈摇晃，地面宛如大海波浪滚滚推进，起伏不已。许多人有类似晕船之感觉。除一间本地房子屋顶塌陷和一人死亡外，未闻邻近地区遭到任何严重灾害，但许多本地房屋多少受到毁坏。……许多房屋需进行大修理。傍晚时，人们又感到两次震动，其势不似首次之强烈。至午夜，感到第四次震动，较之前数次均为轻微。"
[《字林西报》（英文），1888年6月20日]

本次大地震地震范围可分极震区、破坏区和有感区。

极震区：在渤海湾，但未找到有文字记载，根据推测，震中在渤海湾的西端、山东无棣东北150公里的渤海中，具体震中位置是北纬38.5°，东经119.0°。地震烈度不详。震级约为7.5级。

破坏区：

1. 滦县："（光绪）十四年戊子夏五月初四日，未时地震，坏房屋不可胜计，梁各庄南地裂一缝，溢出黑水，数日乃止。"（杨文鼎：《滦县志》卷九，光绪二十四年刊本）

2. 昌黎："（光绪）十四年五月初四日地震，墙屋多倒塌，西北隅源影寺塔顶坠地。二十七日地动。"（张鹏翱、陶宗奇：《昌黎县志》卷一二，民国二十年刊本）

3. 沧州市："光绪十四年戊子五月乙卯，地震有声，屋壁有倾欹者。"（张凤瑞、张坪：《沧县志》卷一六，民国二十二年刊本）

4. 唐山市：少数不好的建筑有破坏，山墙裂缝。

5. 天津市：除光绪十四年五月初六日和五月初十日的《申报》刊登之外，

五月十三日又作如下叙述："（五月）初四日天津地震叠纪报章。兹闻是夜十一点一刻钟复震一次，翌日午后约三点钟，初六日二点半及六点一刻钟，几案又摇摇如悬旌，逾刻而止。……初震时，人皆昏瞀眩摇，居者如驾扁舟一叶颠簸于惊涛骇浪之中。行人更觉天地转旋，迎风欲倒。屋宇嘎嘎作响，危楼尤甚。更闻地吼声大而宏，由西而东。屋即随之摇摆，地下方砖几如波翻浪涌，顷刻复故，而墙壁之绽裂，榱栋之崩析者难以屈指数。翌日查知，估衣街各磁器铺盃盘盂盏累累掷地，作金石声，伤耗资财为数甚巨。闻侯家后更毙幼孩一名。……电报局员董电询北京、牛庄、沈阳以及烟台各局，据称是日地震从同。"（《申报》，光绪十四年戊子五月十三日）

6. 无棣："光绪十四年夏五月四日地震裂，黑水涌出。大觉寺塔圮其半，数日屡震。"（侯荫昌、张方墀：《无棣县志》卷一六，民国十四年刊本）

7. 阳信："光绪十四年五月初四日未申之际地大震，有声自西北来，人自倾僵，房屋摇动。邑北楼城崩，海丰寺塔摆折三起，平地有如井者，有坼裂数尺者，自缝中喷出黑泥。"（朱兰、劳逎宣：《阳信县志》卷二，民国十五年刊本）

8. 惠民："光绪十四年五月初四日地大震，十余日不已，房屋倒塌无算。濒海地裂，溢出黑水。海云塔十三级崩毁六级。"（阎容德、王鸿绩：《惠民县志稿·近五十年大事表》，民国稿本）

9. 利津："光绪十四年五月初四日地震，房屋倒塌甚多。"（王廷彦、盖尔洁：《利津县续志》卷九，民国二十四年刊本）

10. 禹城："光绪十四年五月初四日地震，房屋有倒塌者。"（盖景延、孙似楼：《禹城县志》卷八，民国二十八年刊本）

11. 邹平："光绪十四年五月初四日地震。伏五贺家庄西南地裂尺许，长丈余，深不可测。"（罗宗瀛、成瓘：《邹平县志》卷一八，民国三年增补，道光十六年刊本）

12. 寿光："光绪十四年五月初五日午后地震，声自西北来，河流激荡，

墙舍倾倒。"（宋宪章、邹元中：《寿光县志》卷一六，民国二十五年刊本）

13. 昌邑："光绪十四年五月初四日地震。东城门城楼脊塌陷。"（陈嘉楷、尹聘三：《昌邑县续志》卷七，光绪三十三年刊本）

14. 遵化："（光绪十四年）夏五月地屡震，州城东南隅圮陷数段。"（何崧泰、史朴：《遵化通志》卷五九，卷一六，光绪十二年刊本）"城池……东北角楼圮，东南隅城圮二十余丈。"（何崧泰、史朴：《遵化通志》卷五九，卷一六，光绪十二年刊本）

15. 烟台市、蓬莱："（五月）初四日地震。……又接烟台信云：是日午后地震，屋宇动摇，格格有声。……闻西路之蓬（莱）、黄（县）亦同日震动，而蓬莱较重，民房多倾倒云。"（《申报》，光绪十四年戊子五月十四日）

16. 通州（今通州区）："初四日地震……是日下午四点一刻钟自西往东地震一次，六点钟地震一次，夜间十一点二刻钟地震。……惟初次地中有声较大，房屋为之摇撼，案上所设物件无不颠扑。行人站立不稳，如痴如醉，其时新街关帝庙大殿山花坍倒，郡庙前棚铺房屋亦震倒两间。……按此与京津两处地震情形大略相同。"（《申报》，光绪十四年戊子五月十四日）

17. 乐亭、迁安："地震余闻：直隶永平府迁安县城东北隅，有塔高十三层……五月初四日地大震，塔遂倾坍，压坏塔旁寺屋及附近各住房，且有人口受伤者。乐亭县距城十数里地忽骤裂，长约里许，宽二三尺，内有黑水若墨汁然，向外溢出。"（《申报》，光绪十四年戊子六月十五日）

另外，卢龙、抚宁、秦皇岛也有不同程度的破坏。

本次渤海湾大地震有感面积很大，有感记载的县市如下：

河北省：山海关、容城、定兴、新城、文安、盐山、献县、南皮、东光、交河、景县、宁津。还有北京市。

山东省：德平、陵县、商河、临邑、平原、济阳、临清、清平、茌平、齐河、长清、济南、桓台、沾化、博山、广饶、淄川、益都、昌乐、潍坊、胶县、诸城、莒县、蒙阴、兖州、单县、郓城、濮城、寿张、阳谷、新泰、平阴、肥城、泰安。

辽宁省：绥中、锦州、义县、沈阳、黑山、辽阳。

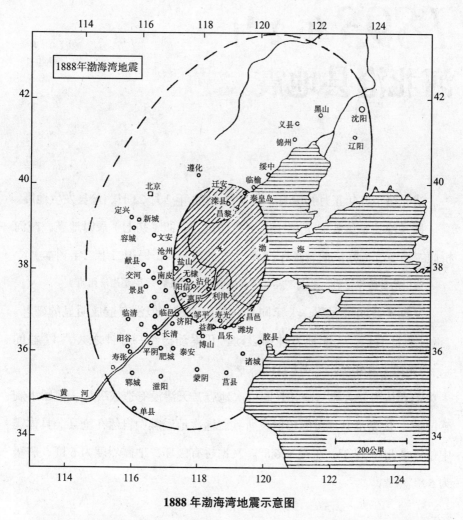

1888年渤海湾地震示意图

摘自国家地震局地球物理研究所编：《北京及邻区地震目录汇编》，第23页。

*1893*年2月
河北沧县地震

清光绪十九年正月初七日，即阳历 1893 年 2 月 23 日，沧县发生地震。

据《沧县志》载："光绪十九年癸巳正月辛卯（初七）辰时地震，减河桥倾二、三。"（张凤瑞、张坪：《沧县志》卷一六，民国二十二年刊本）

注：沧县时称沧州，为天津府属州，民国二年改县。近年改称沧州市。

又据《益闻录》载，天津同日亦发生地震，但没有造成明显的破坏。"正月七日上午，天津地方坤维震动。几案动摇约一分钟之久。"（《益闻录》，光绪十九年癸巳二月□日）

笔者认为，天津与沧县是同一次地震，天津没有造成破坏，但留下震感记录，应是沧县地震的辐射波所致。这次地震震中自然在沧县，具体震中位置是北纬 38.3°，东经 116.8°。又据桥有破坏，地震烈度为 6 度，震级为 5 级。

*1911*年1月
河北蔚县地震

清宣统二年十二月二十五日，即阳历1911年1月25日，河北蔚县地震。

据《大公报》载："客腊二十五日早八钟时，津埠微觉地震，然并未见有何损伤。顷接友人来函，谓宣化府属蔚州城内于上月同日同时地忽大震，约十余分钟之久，前后共六七次，城墙坍塌约十余丈，铺房住房倒毁者不少，楼房倾颓共五六座，此外各乡之遭难者，不一而足，伤毙人口尚未查清，闻西南乡浮图村暖泉镇房屋之震毁者，尤为可惨，亦多年未有之奇灾也。"

另外，同日天津也有地震记录："昨早八点四十五分，本埠地震一次，为时不大，约五六秒钟，尚无多人知晓。"（《大公报》，宣统二年十二月二十六日）

按：天津这次地震，国家地震局地球物理研究所认为"天津亦有感"（见国家地震局地球物理研究所编《北京及邻区地震目录汇编》，第23页）。意思是天津同蔚县地震是同一次地震，而且检出"相距230公里"（见国家地震局地球物理研究所编《北京及邻区地震目录汇编》，第23

页）。笔者认为：天津地震同蔚县地震是两地两次地震。第一，蔚县地震发生在 1911 年 1 月 25 日"早八钟时"，而天津地震发生在同日的"早八点四十五分"，说明后者比前者晚四十五分。第二，蔚县地震长达约"十余分钟之久"，而天津地震仅仅"五六秒钟"。第三，天津距蔚县 230 公里，北京距蔚县才 150 多公里，北京距蔚县近，反而没有地震记载，证明北京没有发生地震，或者说北京没有受到蔚县地震的影响。天津距蔚县较远，有地震记载应是独立的一次地震，与蔚县地震无关。

根据蔚县地震情况，城墙坍塌十余丈，房倒屋塌不少，还有人员伤亡，故震中就在蔚县，具体震中位置是北纬 39.8°，东经 114.5°。地震烈度 7 度，震级约 5 级或 6 级左右。

*1923*年9月
河北新城（高碑店）地震

　　民国十二年八月初四日，即阳历 1923 年 9 月 14 日，河北新城（高碑店）发生较强地震（见下图）。

　　据《时报》载："直属徐水、易县、安次、高碑店，（九月）十四日忽发生地震，民多露宿，震区三十里，塌屋百余家，未伤人。"（《时报》，民国十二年九月十七日，第 1 版）《东方杂志》载："（1923 年 9 月 14 日）京

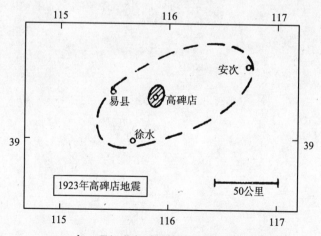

1923 年 9 月河北新城（高碑店）地震示意图

摘自国家地震局地球物理研究所编：《北京及邻区地震目录汇编》，第 25 页。

兆附近高碑店地方地震，倾倒房屋多所。"（《东方杂志》，二十卷，19 号）

注：京兆，指北京。

笔者认为，河北新城（高碑店）地震，"倾倒房屋多所"，地震震中就在河北高碑店，具体震中位置是北纬 39.4°，东经 115.6°。本次地震烈度为 7 度，震级约 $5\frac{1}{2}$ —6 级。震区 30 里，波及徐水、易县、安次等县。

*1934*年10月
河北抚宁地震

民国二十三年九月二十日，即阳历 1934 年 10 月 27 日，河北山海关、抚宁发生地震。

据《申报》载："榆关一带发生地震，山海关二十六日夜十时，忽然地震，初时由西而东，震动甚微，旋风势大作，震动加剧，室内杂物器具均被震落地上，居民由睡梦中惊觉，祇觉天翻地覆，历十分钟方止。南门外旧式建筑房舍为震毁数十所，幸未伤人。二十七日早一时许，抚宁居民由酣睡中忽觉地微震动，初缓继急，由南而北，屋栋受震，均格格作响，居民均头目晕眩，逃出室外。城内龙王庙被震颓圮，约一刻钟方止。"（二十八日专电）[《申报》，1934 年 10 月 29 日，第 9 版。参见:《新民报》（南京），1934 年 10 月 29 日第 1 版。《大公报》（天津），1934 年 10 月 29 日，第 10 版。《世界日报》（北平），1934 年 10 月 29 日，第 7 版]

笔者按：此次地震，抚宁县的榆关旧式建筑房舍震毁数十所，抚宁城内龙王庙震圮，故震中就在抚宁县，具体震中位置是北纬 39.9°，东经 119.2°。地震烈度为 6 度，震级为 5 级。山海关一带有强烈震感。

1935 年 1 月
河北唐山地震

民国二十四年十二月十五日，即阳历 1935 年 1 月 19 日，河北唐山地震。

据《申报》载："（民国二十四年一月）十九日晨三时二十分，唐山忽然地震，初甚微，继转剧，桌椅床帐等物震倒，由东向西震去，约三分钟始止。市东矿区内破旧工房倾圮者数所。"（二十日专电）（《申报》，1935年 1 月 21 日，第 3 版）

根据以上"桌椅床帐等物震倒"、工房倾圮数所，震中就在唐山市，具体震中位置为北纬 39.6°，东经 118.3°。地震烈度为 6 度，震级为 $4\frac{3}{4}$ 级或 5 级。

*1936*年*2*月
河北喜峰口地震

民国二十五年一月二十一日，即阳历 1936 年 2 月 13 日，河北喜峰口地震。

据《申报》载："天津电，长城各口十三日下午八时忽地震，由南而北，房屋被震，作爆裂声，历数分钟止。喜峰口外三间房村，民屋震倒数所。"（十六日专电）（《申报》，1936 年 2 月 17 日第 9 版）

笔者认为，喜峰口地震，造成数所民屋倒塌，具备了破坏性地震的特点，地震烈度为 6 度，震级约为 $4\frac{3}{4}$ 级。地震震中就在喜峰口，具体震中位置系北纬 40.4°，东经 118.3°。

1937年9月
河北怀来地震

民国二十六年八月二十一日，即阳历 1937 年 9 月 26 日，河北怀来地震。

据《调查资料》载："（民国二十六年八月二十一日，怀来）地震，房屋损坏，人畜伤。"（《调查资料》，引自《中国地震资料年表》，转引自《中国地震历史资料汇编》第四卷（上），科学出版社 1985 年 10 月第 1 版，第 589 页）

笔者认为，本次地震有破坏，虽没有造成明显的、严重的破坏，但也有房坏、人畜伤的灾情，故震中烈度为 6 度，震级为 5 级。震中在怀来，具体震中位置是北纬 40.4°，东经 115.7°。

*1945*年
河北滦县大地震

民国三十四年八月十八日，即阳历 1945 年 9 月 23 日，华北地区发生大范围的强烈地震，涉及北京、天津、河北、山东、辽宁、热河（今分属河北和内蒙）、察哈尔（今分属河北和内蒙）等省市。而且从 1945 年 9 月 23 日一直断断续续地震到 1947 年 2 月底。考之华北地震史，可为空前之长期地震。这次地震，河北滦县最强烈，破坏最惨重。故命为"滦县大地震"。

本次大地震最初发生于 1945 年 9 月 23 日晚上 11 点 45 分，有谓 11 点 40 分者，亦有谓 11 点 50 分者，可能时钟原来快慢有异，故记载亦各不同。据当时的滦县政府报告，"大震之前，并未感觉微震，大震忽然爆发，相继二次，共经三十秒钟，中间相隔约一分钟，震时声发如巨雷，南北波动，以后断续小震，时发时止，约计至二十四日四时左右，已震达二十余次，嗣后每日恒小震五六次至三四次，亦有隔一二日不震者。当大震发生之夜……震声既发，城垣一部倾圮。""十月八日下午四时半左右，忽又发生大震，从前被震房屋已有裂缝或倾斜者，复又倒塌。不过较九月末旬已减，嗣经十一月，十二月，以至三十五年之一、二、三等月，小震仍继续不已，或隔四五日以至十余日，震时一日一二次以至三四次，间亦有一两次大震，但尚未至损坏房屋，甚烈度表示有渐减之趋向。四月二十五日夜十二时顷，复大震，滦县城内人民闻声甚厉，似起自脚下，其震动烈度，除九月二十三日之大震外，以此次最为巨，以后时发生小震……三十六年一月间，又发生大震一次，房屋亦略有损伤，但北平（北京）、天津一带未感觉震动。故一月地震之烈度，……较三十四年九月二十三日第一次大震为小。"（王竹泉：《河北滦县地震》，载《地质评论》第 12 卷第 1 期，1947 年）

滦县地震根据破坏程度和有感情况，可分为重灾区、轻灾区、微灾区和有感区四个部分。

一、重灾区： 又称极震区，在滦县县城附近，尤其在滦县城西南八里桥，包麻陈庄、兴隆庄一带，震动最烈。具体说，北自高家坎起，南经八里桥、兴隆庄、乐家营、兖城、徐庄、段庄、倴城镇至张火烧佛、高各庄一带，略呈南北狭长、东西较窄的带状，长达六十余里，宽约十余里，面积约六百余平方里。此区域罹震灾最重，房屋倒塌平均在 20%—50% 以上，八里桥、兴隆庄、西坨子头一带山墙倒塌在 70%—80%，未倒者亦严重倾斜或变形。兴隆庄全庄五六百户，房屋完整者，仅有三四户，其余全部倾圮；地面裂缝宽 4—5 寸，冒沙水，水井翻沙，喷出地面。色麻陈庄地裂缝，涌水攒沙。兴隆庄之南，经徐庄、段庄、倴城镇以至高各庄一带，震情大致相同。县城城墙部分倾圮。百年以上老屋倒塌较多。山墙倒塌甚多，城外庙宇倒者更多。县监狱、警察局、县立中学几完全破坏。"人民死者七十名，伤者二百余"。（《中央日报》（昆明），1945 年 10 月 15 日第 3 版）

二、轻灾区： 重灾区向四周延展，灾情递减，包括滦县县城以外，西坨子头、张各庄、胡各庄、坨里、新寨、连北店、长凝、马城等地，也是南北狭长、东西较窄的地带，面积约二千四百余平方里。此区房屋平均倒

塌在 $\frac{1}{6}$ — $\frac{1}{20}$ 。高各庄以南、新寨、坨里、古河等处，房屋倒塌渐次减少。马城、长凝、连北店、丁流河、沿滦河西岸，仍有地裂缝涌水现象。

三、微灾区：轻灾区再向外扩展，震灾更减。包括石门镇、樊各庄、油榨、雷庄、阜家店、扒齿港、司集庄、暗牛淀、柏各庄、芩上、古河、乐亭等处，也呈南北狭长、东西较窄的地带，面积约五千四百余平方公里。此区房屋平均倒塌在 $\frac{1}{30}$ —1%。

四、有感区：微灾区向外再扩展，虽有地震感觉，也有地震记录，但未造成损害的地区称为有感区。它包括北京、天津、河北省的怀来、宣化、沧州市、承德市、丰南、秦皇岛市、赤峰市、北戴河等地，山东省的潍坊市和辽宁省的朝阳市和锦州市等地。破坏面纵长120公里，涉及面最远达200公里。

据滦县政府估计，"该县所属被灾村庄，约达七百余处，被灾人口近五十万，死亡者逾六百名，倒塌房屋达四十万间"。（转引自《中国地震历史资料汇编》第四卷（上），1985年科学出版社出版，第661页）

另外，灾区除滦县外，还有以下县市有不同程度的破坏。

唐山市：个别旧房及老墙倒塌。矿区井水流量增加，砖墙裂缝，砖砌烟囱有倒塌者。

滦南：院墙、山墙多有倒塌，旧房倒塌或裂缝，木结构房屋有倒塌或倾斜者。地面普遍裂缝，冒沙水。

昌黎：各村院墙及山墙倒塌较多。靠近滦县之朱各庄房屋倒塌 $\frac{1}{4}$ 。未倒者亦严重变形。靠近滦县各村地面出现裂缝，冒沙水。

卢龙：各村山墙倒塌5%—10%。个别达50%。间有房屋倒塌者，未倒山墙多有裂缝或局部垮塌。

迁安：各村倒墙约 $\frac{1}{10}$ ，个别村庄达 $\frac{1}{5}$ — $\frac{2}{5}$ ，砖砌烟囱有倒者。沙河驿地裂一指，冒沙水。

乐亭：各村均有山墙倒塌者，未倒者亦多有裂缝。县城有 3—4 家房屋倒墙，滦河河岸地裂冒沙水。

总之，根据地震破坏程度，本次大地震的地震烈度为 8 度，震级为 $6\frac{1}{4}$ —7 级。地震震中在滦县，具体震中位置在北纬 39.7°，东经 118.7°。本次滦县大地震是华北地区较强的一次大地震。考滦县地震史，本县自 1495 年以来共有地震记载 45 次，其中破坏性地震 7 次，各次地震烈度如下：

1562 年 6 度；1624 年 7 度；1679 年 7 度强；

1795 年 7 度；1880 年 6 度；1888 年 8 度；

1945 年 8 度。

附：

1. 滦县地震震灾区域图

2. 开滦煤矿各矿井内流水量（原注：每分钟吨数）受地震影响变动表

3. 滦县地震图

4. 河北省滦县震灾塌坏房屋救济房间数目表

5. 河北省昌黎县震灾塌毁房屋救济建筑房间数目表

1. 滦县地震震灾区域图

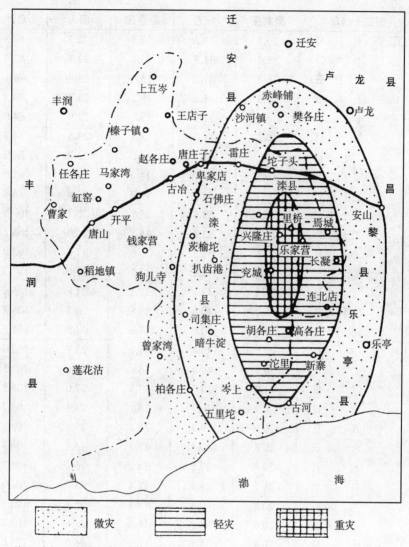

摘自《中国地震历史资料汇编》第四卷（上），第 662 页，科学出版社 1985 年版。

2. 开滦煤矿各矿井内流水量（原注：每分钟吨数）受地震影响变动表

民国三十四年			唐家庄	林西	赵各庄	唐山	总计
九月	十 五 日		16.3	31.2	12.3	22.7	82.5
	十 六 日		16.4	31.2	13.1	22.7	83.4
	十 七 日		16.3	31.1	13.4	23.3	84.1
	十 八 日		15.9	31.2	13.1	23.3	83.5
	十 九 日		16.7	31.2	13.2	22.9	84.0
	二 十 日		16.3	31.0	13.3	23.6	84.2
	二 十 一 日		16.1	31.1	13.8	23.7	84.7
	二 十 二 日		16.5	31.1	14.0	24.0	85.6
	二 十 三 日		16.3	31.2	13.9	23.0	84.4
	二 十 四 日		22.3	39.6	15.7	22.7	100.3
	二 十 五 日		23.1	42.5	15.5	24.0	105.1
	二 十 六 日		22.6	39.2	15.6	27.6	105.0
	二 十 七 日		21.8	41.0	17.5	27.0	107.3
	二 十 八 日		21.3	42.1	17.2	24.8	105.4
	二 十 九 日		22.0	40.6	16.8	24.4	103.8
	三 十 日		20.9	40.0	17.6	24.8	103.3
十月	一 日		20.8	40.4	18.7	23.7	103.6
	二 日		20.9	40.4	18.4	25.6	105:3
	三 日		21.0	39.7	17.8	27.0	105.5
	四 日		20.9	40.2	18.2	24.4	103.7
	五 日		20.9	39.9	18.1	25.8	104.7
	六 日		20.8	40.4	18.3	26.8	106.3
	七 日		20.8	39.5	18.3	26.1	104.7
	八 日		21.1	39.5	18.4	25.9	104.9
	九 日		20.8	40.4	18.3	25.4	104.9
	十 日		20.8	38.1	18.3	25.5	102.7
	十 一 日		20.8	38.5	18.3	26.0	103.6
	十 二 日		20.7	38.4	18.3	24.2	101.6
	十 三 日		20.8	37.9	17.9	25.2	101.8
	十 四 日		20.7	37.6	18.0	26.2	102.5
十一月	一 日		19.5	36.9	15.7	24.0	96.1
十二月	一 日		16.8	34.6	13.2	24.6	89.2

摘自《中国地震历史资料汇编》第四卷（上），第663页，科学出版社1985年版。

3. 滦县地震图

摘自《中国地震历史资料汇编》第四卷（上），第 664 页，科学出版社 1985
年版。

4. 河北省滦县震灾塌坏房屋救济房间数目表

地域别	震灾共毁间数	损坏轻微不予修建者		损坏严重而勉强能自建者		损坏严重而不能自建此次应予以修建者				次贫以两间折合一间后，实应建筑之房间数目
		数目	%	数目	%	赤贫	次贫	合计	%	
城乡	9 850	3 516	35.7	2 160	22	2 782	1 392	4 174	43	3 478
第一区	60 870	31 870	52.2	19 645	32	6 697	2 658	9 355	15.7	8 026
第二区	29 217	21 564	73.8	5 149	17.6	1 869	635	2 504	8.6	2 186.5
第三区	54 916	37 276	68	9 096	18.5	6 196	2 348	8 544	13.5	7 370
第四区	75 793	56 033	74	10 500	14	5 673	3 587	9 260	12	7 466.5
第五区	58 459	36 485	82	18 287	31.7	2 762	925	8 687	6.3	3 224.5
第六区	19 307	12 187	86	4 354	22	1 912	854	2 766	15	2 339
第七区	17 249	10 524	81	4 517	26	1 711	497	2 208	13	2 009.5
总计	325 661	209 455		73 708				42 498		36 050

摘自《中国地震历史资料汇编》第四卷（上）第665页，科学出版社1985年版。

5. 河北省昌黎县震灾塌毁房屋救济建筑房间数目表

乡别	震灾共毁间数	损坏轻微不予修建者		毁损严重而勉强能自建者		损毁严重而不能自建此次应予以修建者			次贫以两间折合一间后，实应建筑之房间数目
		数目	%	数目	%	赤贫	合计	%	
石门乡	2 610	1 976	75.8	238	9.1	396		15.2	515
龙山乡	5 500	4 166	75.7	498	9.5	836		15.2	1 085
团龙乡	3 560	2 694	75.7	324	9.1	542		15.2	704

乡别	震灾共毁间数	损坏轻微不予修建者		毁损严重而勉强能自建者		损毁严重而不能自建此次应予以修建者			次贫以两间折合一间后，实应建筑之房间数目
		数目	%	数目	%	赤贫	合计	%	
朱各庄乡	3 484	2 638	75.7	316	9.3	530		15.2	688
六音乡	3 305	2 500	75.6	302	9.1	503		15.2	654
王各庄乡	2 200	1 665	75.7	200	9.1	335		15.2	435
东史家口乡	6	3	50	2	33.3	1		16.7	2
新集乡	9	3	33.3	4	44.4	2		22.0	4
总计	20 674	15 645	75.6	18.84	9.1	3 145		15.2	4 087

国民政府善后救济总署档案。

摘自《中国地震历史资料汇编》第四卷（上），第666页，科学出版社1985年版。

*1957*年1月
北京·涿鹿地震

1957 年 1 月 1 日，北京、河北涿鹿等地发生地震。

据《中国地震目录》载："1957 年 1 月 1 日 5 时 33 分 22 秒，北京（有感）地震。"（李善邦主编：《中国地震目录》第二集，河北省，第 38 页）又据《中国地震历史资料汇编》载："1957 年河北涿鹿（地震）。"震情如下：

极震区：涿鹿县东小庄一带，房屋大部分为土房，少数为木构架砖房。地震时房屋摇动，门窗发响，灯摇摆，人站立不稳。房屋震裂者甚多，仅有几家老房破坏严重，倒塌民房三间。

涿鹿县城少数房屋出现细小裂缝。怀来县委新建二层楼房出现裂缝，老旧土房裂缝加大。

小庄、温泉屯、龙王堂、吉家营、双树、保庄、辛兴堡、下太府、自辛庄、洪家房、小姚庄等附近部分房屋出现裂缝。门窗响、灯摇晃的现象较普遍。

下花园、宣化、新保安、阳原、张家口、北京等地居民均有不同程度感觉。

笔者根据震情及破坏程度，认为震中就在涿鹿，具体震中位置是北纬 40.5°，东经 115.3°。地震烈度为 6 度，震级为 5 级。

*1966*年3月6日
河北宁晋地震

1966 年 3 月 6 日 8 时 12 分 19 秒，河北宁晋县发生地震（见下图）。据史载："地震发生在冀中凹陷束鹿断陷盆地南部。"该县的"耿赵庄、耿庄桥、杜家庄、杜庄一带房墙普遍裂缝，房屋有倒塌者，如：杜家庄倒塌 11 间，耿庄桥民用烟囱自屋面以上倒塌者甚多，房屋裂缝普遍"。"东侯高、任村、董营、王家庄一带不好的房屋普遍裂缝，有倒墙和垮墙角现象。"（《中国地震历史资料汇编》第五卷，科学出版社 1983 年版，第 651 页）

根据以上震情，中央地震工作小组的地震地质专家认为，此次地震的震中烈度为 7 度，震级为 5.2 级。震中在宁晋南，具体震中位置是北纬 37.28°，东经 115.02°。［中央地震工作小组主编：《中国地震目录》（三、四册合订本），科学出版社 1971 年版，第 165 页］

但谢毓寿先生认为震中在宁晋县，北纬 37.47°，东经 115.03°。（《中国地震历史资料汇编》第五卷，科学出版社 1983 年版，第 236 页）

笔者研究后认为此属破坏震，北京有感。

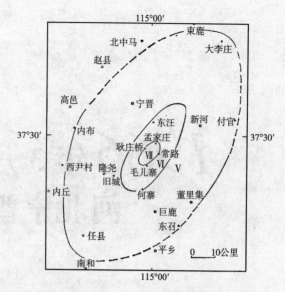

1966 年 3 月 6 日河北宁晋地震示意图

摘自《中国地震历史资料汇编》第五卷，第 651 页，科学出版社 1983 年版。

*1966*年3月8日
河北隆尧地震

1966年3月8日5时29分14秒，河北隆尧发生强烈地震。在此次地震前，动物出现异常，猪嚎，狗叫，鸡狂飞，马驴不进棚，老鼠满地跑。所以当地群众编成谚语："猪在圈里闹，鸡飞狗也叫，牲口不进棚，老鼠先跑掉。"这次地震发生在冀中凹陷的束鹿断陷盆地内。

根据中央地震工作小组认定，此次强震震中在河北隆尧的马兰，具体震中位置在北纬37.21°，东经114.55°。震中烈度9度强，震级6.8级。[中央地震工作小组主编《中国地震目录》（三、四册合订本），科学出版社1971年版，第166—167页]震源深度10公里。有关地质专家认为，震源越深，地表建筑物破损越轻；震源越浅，地表建筑物破坏越惨重。这次仅为10公里，所以地面破坏程度相当严重（见下图）。

极震区：北起宁晋县史家嘴，南至隆尧县之莲子镇；西起营庄、刘通庄，东至巨鹿县的北哈口，面积约300平方公里，烈度为9度。隆尧县的马兰村、任村和梅庄破坏最严重，房屋基本倒平或倒塌。地表形成带状裂缝，宽8—30厘米，最宽处达2米，裂缝两侧上下错动十几厘米至数十厘米；裂缝地带喷沙冒水，井水上升或外溢很普遍。滏阳河上几座桥严重破坏；古河道被挤压成一土梁。后辛立庄大桥桥墩倒塌，桥面破坏。

8度区（Ⅷ度区）：北起宁晋县神堂村，南到任县前中魁、天口附近；西自隆尧县境，东至巨鹿县北无尘，面积约 900 平方公里。区内砖房大多数裂缝，少数倒塌，表砖和土房大多数倒塌，河岸、农田冒沙水。

7度区（Ⅶ区）：北起宁晋县侯家佐，南至任县及平乡县重义町；西自柏乡县贾庄，东至南官县南便村，面积约 3000 平方公里，呈北东向不规则椭圆状。区内许多砖房出现裂缝，个别表砖房和土房倒塌。

6度区（Ⅵ区）：北起深县，南至安县，西起邢台县和赞皇县东部，东至清河县，面积约 21600 平方公里。区内砖房出现小裂缝，表砖房和土房裂缝较多，个别倒塌。柏乡城中一座石塔塔尖掉落。宁晋县东街一座三孔石牌坊的北孔已毁，南孔震塌。

5度区（Ⅴ区）：北起山西省广灵县和河北省涿县以南，南至河南省汲县；西起山西省离石，东至河北省沧州市和南度县。区内房屋有轻微损坏。

另外，由于这一地区土质松散，地下水位较高，以及古河道影响，使石家庄以西的个别村庄和山西昔阳等地，破坏程度偏高，参见等震线图。

这次地震影响河北、河南、山东、山西、内蒙、陕西六省一百多个县。北京有感，楼房摇晃，许多人从楼上往下跑，往楼外跑，有的人从屋内往屋外逃。北京受到强烈影响，人心惶惶。

按：1966 年 3 月 8 日 11 时 46 分 42 秒和 15 时 36 分 41 秒，隆尧又发生 5.1 级和 5.2 级强余震。3 月 11 日 14 时 20 分 43 秒和 3 月 15 日 18 时 43 分 24 秒，隆尧又发生 5 级和 4.8 级强余震，灾区进一步受到破坏，使人民群众痛苦不堪。

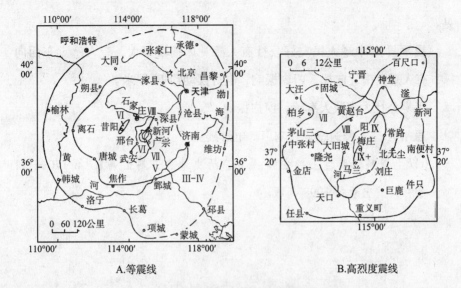

A.等震线　　　　　　　　　　　　B.高烈度震线

1966 年 3 月 8 日河北隆尧地震示意图

摘自《中国地震历史资料汇编》第五卷，第 652 页，科学出版社 1983 年版。

1966 年 3 月 8 日河北隆尧地震对北京的影响：

北京市： 据《邢台地震实录》载："朝阳区绝大多数人感觉地动房摇，床、家具摇动，门窗碰响，有人感觉头晕。"

"建国门内很多人感觉屋墙强烈振动，人从梦中惊醒，电灯东西向摆动幅度很大，窗纸发响，约持续两三分钟。"

"四季青公社门头村很多人感觉有响声和震动，熟睡的人没有感觉到。"

"中关村很多人从梦中惊醒，脸盆碰响。"

"西郊农场上庄人感觉房屋摇晃，柜子摇响，电灯摆动幅度很大。"

"门头沟大台公社人从梦中惊醒，感到地剧烈摇晃，窗纸作响很大，门自动开闭。"

"门头沟色树坟公社有人从梦中惊醒，床摇动。"

大兴县： "礼贤公社有声，窗纸、窗玻璃震响，人感觉头晕，电灯摇晃。"

昌平县:"中越人民友好公社有人感觉床摇摆很大,有人感觉东西向摇,有人感觉南北向摇,门窗振响,电灯摆动约 15 厘米。

兴寿公社大多数人有感,窗户振响。"

通州区:"人普遍感觉有响声,电灯摇晃。"

(以上资料转引自王越主编:《北京历史地震资料汇编》,第 170—171 页,专利文献出版社 1998 年版。)

*1966*年3月22日
河北宁晋大地震

（又称河北邢台大地震）

　　1966年3月22日16时11分36秒、22日16时19分46秒，河北省宁晋县发生强烈地震。此两次地震震中在宁晋县东汪镇一带。第一次地震（3月22日16时11分36秒）震中位置为北纬37.50°，东经115.08°，震源深度9公里，震级6.7级。第二次地震（同日的16时19分46秒）震中位置在北纬37.53°，东经115.05°，震源深度为9公里，震级为7.2级，造成以宁晋县东汪镇为中心的极震区破坏相当严重。现将烈度10度区至5度区内的破坏情况分述如下：

　　极震区（又称10度区，或称x度区）：北起尧台，南至史家嘴；西起大遭庄，东到贾家口，面积约140平方公里，烈度为5度。该区内各类房屋几乎全部倒平、倒塌或严重破坏，其中85%以上的房屋是落顶倒塌的。地面震裂，村子内外宽大裂缝纵横交错，绵延数十米至数公里，很多地段裂缝两侧上下错动几十厘米。破裂的地面冒水、冒沙现象很普遍，最大的冒沙孔直径达1—2米。井水普遍外溢，低洼的田地和干涸的池塘充满了地下冒出的水。沿滏阳河两岸严重坍塌，木桥拱曲变形，艾辛庄大桥桥面向南移动与桥墩错开 1.8 米，致使交通中断。

9 度区（Ⅸ区）：北起宁晋县城，南到巨鹿的官亭镇；西起杨坝，东至束鹿县的王口乡，东南至新河县城关附近，面积约 1300 平方公里。区内表砖、土坯和夯土墙房屋几乎全部倒平或坍塌，卧砖房全部破坏，多数倒塌。据统计，倒塌破坏的房屋占 80%—100%。地面裂缝，冒沙、冒水现象普遍。地面裂缝长几十米至数公里，有的裂缝宽达 1 米，有的上下错动几十厘米。宁晋县耿庄桥村西地裂缝十余条，宽 15—35 厘米，错距 10—15 厘米。冀县阎家寨附近石津渠的堤坝原来高出地面 2 米，震后陷入地表以下 2 米，在长 110 米、宽 11 米的地段上裂开 5 米大缝，缝深达 4 米。井水普遍外溢，水井坍塌变形。

8 度区（Ⅷ区）：北起深县，束鹿县南部与赵县东部，西至柏乡和隆尧县城关，南起巨鹿县城，东到冀县官道李，面积约 6000 平方公里。区内表砖、土坯、夯土墙房屋多数倒塌或破坏，卧砖房普遍裂缝。倒塌破坏房屋占 50%—80%，其余遭到不同程度损坏。新河县委和县政府砖房倒塌，新式砖木结构电影院严重破坏。桥墩、桥台裂缝，个别倾斜。石牌坊石块崩裂。河岸、田地裂缝冒沙、冒水，有的裂缝上下错动。新河县城内也有冒沙、冒水现象。个别井水外溢。

7 度区（Ⅶ度区）：北起安平和饶阳，南到馆陶和广平，西起邢台和高邑，东至故城和山东夏津，面积约 22000 平方公里。区内表砖、土坯、夯土墙房屋多数裂缝，溜山、倒檐少数倒塌。卧砖房多数裂缝，少数破坏。房屋倒塌破坏者占 10%—50%。饶阳县邹村 1800 余间表砖房倒塌 11%，破坏 35%。区内大烟囱有的裂缝，个别的局部崩塌。少数石台木面桥有损裂，石牌坊、砖塔裂缝，脱榫或倾斜。少数河岸裂缝，冒沙、冒水。永年县城内电话线震断，海河工程有裂缝。成安县城关农电局供电线震断，引起沥青失火。

6 度区（Ⅵ度区）：北起易县、灵丘，南至河南清丰，西自山西太原，东到山东济阳与河北交河的广大地区，面积约 130000 平方公里。本区内房屋个别倒塌破坏，约占 10% 以下，少数溜山、倒檐普遍裂缝。个别石牌坊、砖塔掉砖石。个别房屋烟囱倒塌。河滩、岸渠、低洼地有细小裂缝、少量冒沙、冒水现象。获鹿县出现震害增大的异常现象，其烈度异常高达 8 度。在黄壁庄、正定，邢台西部以及峰峰矿区同样有烈度为 7 度和 6 度强的震害加大之现象。

5 度区（Ⅴ度区）: 北起张家口，南到河南太康、鹿邑，西到山西临县，东到山东益都，面积约为 41 万平方公里。区内室内人士皆有感，少数惊逃户外。门窗玻璃作响，不稳物器倒落，盛满的水晃溢。老旧房墙有细小裂缝，落土，掉墙皮。个别屋顶烟囱掉砖或局部倒塌。河滩、湿地隅见细小裂缝。天津市和涿县有的发电机掉闸，造成短暂停电。由于土质松散，地下水位较高，造成某些地区破坏现象较高的烈度异常现象，如石家庄西部为明显的烈度异常区。

此次大地震，北至内蒙古的镶黄旗、多伦，河北省的围场，南至南京和河南省郏县，西至陕西省铜川，东到山东省的烟台等广大地区内，居民都有不同程度的震感。

另外，北京在 1966 年 3 月 22 日 16 时 19 分 46 秒发生地震，震级 5 级强，就是 3 月 22 日宁晋县大地震的组成部分。当时北京门窗家具作响，电灯摇动，钟停摆，墙上尘土落下，器物移动，高大建筑物出现裂缝，宽 1—5 毫米，最大变形 5—20 毫米，普通楼房亦出现裂缝，宽 2—10 毫米，灰皮脱落，如复兴门外工会大楼好几处有裂缝，宽约 1 厘米。东城区倒塌房屋九处，东四人民市场后佛楼倒塌五六间。

此次宁晋大地震，除震中宁晋破坏最惨重外，破坏范围很大，包括如下四省 134 市县。

河北省: 新河，巨鹿，南和，沙河，清河，平乡，内邱，任县，邢台，广宗，威县，隆尧，柏乡，束鹿，临城，肥乡，广平，邱县，馆陶，成安，曲周，永年，临漳，邯郸市，魏县，鸡泽，大名，武安，磁县，涉县，衡水，冀县，深县，武强，枣强，武邑，饶阳，故城，涿鹿，赵县，井陉，晋县，获鹿，高邑，深泽，藁城，石家庄市，元氏，赞皇，平山，正定，行唐，栾城，新乐，灵寿，博野，安国，望都，保定市，高阳，定县，易县，唐县，沧州，肃宁，交河，河间，献县，东光，吴桥，青县，宁津，庆云，黄华，盐山，天津市，国安县，房山，永清，涿县，涞源，清苑，容城，霸县，满城，徐水，还有北京市。

山东省： 临清，聊城，夏津，济南市，武城，德州市，冠县，平阴，临邑，平原，茌平，平邑，博山，肥城，东明，乐陵，范县，阳信，济阳，枣庄，沾化，临淄，郓城，济宁，益都，滋阳，无棣，淄博，垦利，阳谷，桓台，胶县，广饶，胶南。

山西省： 昔阳，平定，榆社，阳泉，左权，黎城，阳曲，忻县，平顺，灵丘，襄垣，广灵，离石，晋城，长治，静乐，大同市，屯留，潞城，平鲁，繁峙，太原市。

河南省： 安阳，清丰，南乐，长垣，杞县。

本次大地震，在破坏区之外所涉及的有感区达八省区内的 83 个市县。

河北省： 怀安，大城，蓟县，怀来，乐亭，怀柔，大兴，良乡，安次，围场，平泉，宁河，昌平，昌黎，丰宁，宣化，秦皇岛，沽源，张北。（注：怀柔、大兴、良乡、昌平今属北京市辖）

山西省： 沁县，平陆，天镇，洪洞，蒲县，介休，河津，隰县，阳城，新降，原平，应县，河曲，五寨，高平，保德，临县，兴县，神池，霍县，汾阳，阳高，汾西，石楼。

陕西省： 榆林，铜川，吴堡，宜川。

河南省： 通许，兰考，开封市，商水，西华，濮阳，三门峡，淮阳，渑池，长葛，禹县，新乡，卢氏，鹿邑，太康，洛阳市，孟县。

江苏省： 南京市。

湖北省：武昌市。

内蒙古自治区：呼和浩特市，多伦。

此次宁晋大地震，又称邢台大地震，因它属邢台地区管辖（见下图）。周总理曾三次到邢台灾区慰问。1966 年 3 月 8 日和 22 日，邢台地区的隆尧和宁晋连续发生 6.8 级和 7.2 级两次大地震，大地还在颤抖，我们敬爱的周总理不顾自己的安危，带着毛主席、党中央的巨大关怀，先后三次到达灾区视察灾情，慰问人民群众，同时亲自指挥抗震救灾工作。周总理走遍了四个县十个大队，冒着不断发生余震的危险，踩着震后的碎砖烂瓦，穿过断墙残壁，深入抗震灾棚，嘘寒问暖，探视伤员，鼓舞人民群众的斗志，为灾区人民制订"自力更生，奋发图强，发展生产，重建家园"的正确的抗震救灾方针。

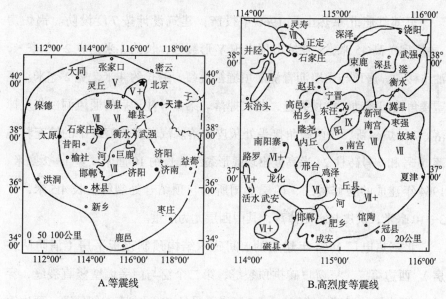

A.等震线　　　　　　　　　B.高烈度等震线

1966 年 3 月 22 日河北宁晋地震示意图

摘自《中国地震历史资料汇编》第五卷，第 654 页，科学出版社 1983 年版。

按：从 1966 年 3 月 22 日 16 时 45 分 52 秒到 1966 年 4 月 10 日 14 时 53 分 3 秒，宁晋和隆尧又震六次，最小的 4.1 级，最大的 5.3 级，均系 1966

年 3 月 22 日 16 时 19 分 46 秒宁晋 7.2 级大地震之后的强余震。北京也受到不同程度的影响。

1966 年 3 月 22 日河北宁晋大地震对北京的影响：

北京市：据《邢台地震实录》载："多数人感到摇晃，头晕，有些人惊慌。居于高楼上的人站立不稳。门窗、家具作响，电灯摇晃，摆钟有停摆者，墙上尘土掉落。高楼住居盆内水溅溢，笔筒翻倒，房门自动开启。民族宫小卖部酒瓶倒三个。东四人民市场商店货架上的玻璃杯翻倒破碎两个，暖瓶翻倒。北京第一机床厂大吊车自动滑行。

猪市大街民航大楼高十三层，伸缩缝处明显变形，尤其第七、八两层最突出，缝宽 5—20 毫米，泥灰从缝中喷出。第一层楼小库房墙上出现 5—10 毫米宽的水平裂缝，其他各层混凝土外的泥皮层上均有 1—5 毫米宽的裂缝。

东郊红庙北京热电厂 1960 年投产，建筑设计按 7 度设防。锅炉房（主厂房）高 45 米，6 号炉房顶出现 Y 形裂缝，长约 3 米，宽 2—5 毫米，油毡移动。房顶与山墙沥青浇灌填缝被震裂，缝长约 4 米，宽 2 毫米。辽望楼角铁架移动，楼顶裂缝，灰块掉落。第 3 号柱子后的通风洞白灰皮掉落。7 号炉、新厂房西南角接头处灰皮脱落。汽车房伸缩缝中的填充料脱落。6 号和 7 号砖柱 24 米高处出现弧形裂缝，长约 10 厘米，宽 1—2 毫米。1964 年建成的检修楼三、四层女厕所墙与顶结合处裂缝，长 4.5 米，宽 3—10 毫米，灰皮与水泥掉落，其中四层尤为严重。

北京热电厂 1964 年建成的 5 间砖木结构预制顶板平房（消防队住房），西边第二、三窗户砖拱顶裂缝，第二个窗与门旁墙壁竖直裂缝，穿过 63 厘米厚的墙壁，缝宽 1—1.5 毫米。另外 96 间亦有类似情况。西边第二间暖气管拔离墙壁约 1 厘米。

西单民族饭店十楼靠门的墙沿伸缩缝出现竖直裂缝，长约 2 米；一厕所（四壁贴有瓷砖）靠门的墙壁沿伸缩缝出现交叉状裂纹，长 55 厘米，宽6—8毫米，深入到水泥墙，并有瓷砖块掉下。另一面墙上也出现类似裂缝，长66厘米，宽约2—3毫米。九楼与十楼接合墙上，沿伸缩缝亦有竖直裂缝，长约1.5米，墙皮脱落，一直延伸到底部水泥墙。七楼和八楼也出现类似裂缝，七楼靠门的西面墙上的裂缝长2米，宽8—10毫米，墙沿烟囱边缘亦出现裂缝。

东郊大北窑北京第一机床厂五个主厂房1958年建成，高约6—7层楼，厂房原有不少裂缝。（按："原有不少裂缝"，疑为"亦有不少裂缝"。）跨度36米的第四厂房，第二排柱子北面与配电室墙的结合缝旁2米高处出现竖直裂缝，长1.5米，宽2.5毫米；第38排柱子北面与墙接合处亦出现小裂缝。跨度36米的第三厂房房顶结合处，长1米、宽15厘米的四块铁皮掉落，白灰、水泥块、砖块亦掉落；第32排柱子南面桁头与柱接触处，桁底面裂缝并位移，水泥块掉落。

西城区第四中学1952年建成的楼房，楼西端裂缝增多，新产生的裂缝长约3米，宽2—3毫米。开水房和工人宿舍的东墙向东倾裂，由震前的缝宽3毫米，长1米，增至宽30毫米，长3米；北墙亦向外倾裂缝宽30毫米，（长）2—3米。厨房后墙上部与屋顶结合处，裂缝宽5—6毫米，长6米。

崇文区光明五楼的40楼和41楼，都出现不同程度的缝纹，其中41楼较为严重，原裂缝的填充物被震落。

西城区力生药厂是四五十年前建的二层楼房，二楼南墙外砖砌的墙向外倾倒。

宣外大街南菜园第一小学校，1961年建成的四层楼房，一门框上方出现水平裂缝，长1米，缝宽1毫米。另一门框上亦出现两条较细的裂纹。四楼楼梯与房顶结合处原有裂缝增大，灰皮脱落。另18处新旧楼房均有类似情况。

油房胡同平房长约10米，宽1米的旧墙往外倾倒。东内大街204号，长3米，宽约1.5米的院墙倒塌。九条16号1957年建成的1间小瓦平房，原已向东臌斜，地震时倾倒。马相胡同穿堂门 6 号平房，山墙原已外臌，地震时裂缝宽 2 厘米。老旧平房裂缝的还有 11 处，倒坏者计 23 处。

东郊光华织布厂 1953 年建成的 180 间人字形木架平房（职工宿舍），其中 30 间椽前左右砖垛均出现平行裂纹。另 240 间平房（家属宿舍），3 处木框窗户北移，最大裂缝宽 1.5 毫米。另有 50 间木椽子移动约 2 毫米。

北京饭店新旧楼接合缝裂开 4—5 厘米，旧楼四楼房间落墙皮。

王府井百货大楼三、四楼有商品翻倒。

复兴门外工会大楼有好几处裂缝，宽 2 厘米。

东四人民市场后楼墙壁倒塌一块，约五六间房间。

东城区民房倒塌 9 处。

北新桥八层居民大楼地基下沉，一楼的门打不开。

电报大楼二至五层裂缝，母子钟倾倒停摆。与山西阳泉矿务局、邯郸、肥乡等地的电讯联络中断。

石景山大多数人感觉震动，燃料工业部疗养院二层石墙楼房原裂缝扩大，成为危险房屋。石钢医院一、二楼患者，感觉床铺、桌椅摇动。石景山贸易公司琅山副食商店货架上的酒瓶倒落 6 瓶，电灯摇摆，幅度约 20 厘米。古城中心小学二楼开会的人感觉头晕，桌椅摆动。

长辛店变电厂电表盘南北向摆动，门摇动、人头晕。

大兴：有人惊跳户外，感觉先上下颠动，然后南北向摇晃，门窗响声很大。定神庄公社西里垡大队 1 间旧房前檐和墙垛倒塌。

房山：大部分人有感觉震动，有轰隆声，门环、窗户碰响，电灯摇晃，屋内灰顶棚有裂纹，商店货架上的盆掉落，县人委办公室墙上裂缝宽 1 厘米。"（转引自王越主编：《北京历史地震资料汇编》第 171—174 页，专利文献出版社 1998 年版）

*1966*年*3*月*29*日
河北巨鹿地震

　　1966 年 3 月 29 日 14 时 11 分 59 秒，河北省巨鹿地震。此次地震造成巨鹿县观音寨 5 间房子塌顶。马营、石佛店新搭建的窝棚有震倒的。观音寨和官亭之道路上及两侧地面裂缝成带，宽约 1.3 米，长 150 米。北侧下降 15 厘米，路北有喷沙，冒水。官亭乡张起营等七个村地震时尘土飞扬，普盛营村原来裂缝加大，北哈口村北附近原来地震裂缝冒水，涌沙。牛家桥，北哈口、苏家营、耿庄桥、东汪和冀县的礼张乡等地房屋有掉砖和垮墙头的。（参见《中国地震历史资料汇编》第五卷，科学出版社 1983 年版，第 655 页）

　　此次地震震中在河北巨鹿，具体震中位置是北纬 37.28°，东经114.53°，震级为 6 级，震源深度为 25 公里。北京市、石家庄市、新河、高邑等地有感。

1967 年 3 月 27 日
河北河间·大城地震

1967 年 3 月 27 日 16 时 58 分 20 秒，河北省河间和大城发生较强地震（见下图）。

这次地震位于里坦中新生代断陷盆地内。

根据中央地震工作小组认定，此次地震震中在河间和大城之间，具体震中位置是：北纬 38.5°，东经 116.5°。震中烈度 7 度，震级 6.3 级，震源深度 30 公里。（中央地震工作小组主编：《中国地震目录》（三、四册合订本），科学出版社 1971 年版，第 215—222 页）

极震区：在大城县西南部西留各庄乡和王权庄乡所属的几个村，任丘县北汉乡和河间县西诗经乡所属的几个村，以及霸县的信安乡、胜芳乡和永清县刘长乡震害最重。

7 度区（Ⅶ度区）：呈弧形狭长地带。

河间县和大城县房屋倒塌，破坏最多。河间全县共破损房屋 56816 间，其中倒塌 2390 间，破坏 53886 间。河间县的西村乡、行别营乡、东城乡受灾最重，如西村乡共倒房 972 间，坏房 6038 间；行别营乡共倒房 608 间，坏房 841 间；东城乡共倒房 711 间，坏房 2980 间。其他 25 个乡的所有村庄都受到不同程度的破坏。

　　大城县全县共倒塌房屋 6068 间，严重破坏 20529 间。全县 19 个乡的 394 个村均受到不同程度的灾害。其中最严重的是东留各庄乡、王权庄乡和臧屯乡。东留各庄乡破坏房屋包括裂缝 5457 间，王权庄乡损坏房 13752 间，臧屯乡损坏房 4761 间。河岸滩、洼地有裂缝和小喷水口。

　　6 度区（Ⅵ度区）：包括天津市，文安、静海、永清、武清等县的部分地区；沧州市的河间县的大部分地区；任丘、肃宁、青县、沧县的部分地区；保定市的雄县、安新、高阳等县的东部地区。北东向长约 160 公里，南端最宽处 100 公里，北向渐窄，至武清仅为 20 公里，面积约 8000 平方公里。区内少数房屋塌坏，部分房屋轻微受损。

　　5 度区（Ⅴ度区）：基本呈北东向椭圆形，包括北京市区，通县，大厂，香河，宝坻，宁河，黄骅，盐山，南皮，吴桥，衡水，武强，深县，安平，博野，清苑，容城，固安，房山，易县，天津市的郊远县等。面积约 50000 平方公里。区内极个别房屋有塌坏，少数房屋受轻微损坏。

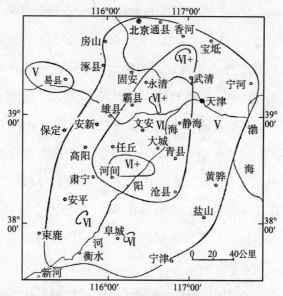

1967 年 3 月 27 日河北河间·大城地震示意图

摘自《中国地震历史资料汇编》第五卷，第 662 页，科学出版社 1983 年版。

*1967*年7月28日
河北怀来地震

　　1967年7月28日13时55分54秒，河北怀来东北发生地震。临震前群众普遍听到地声。位于震区的官厅水库，由于地震之影响，水面掀起相当于四级风的波浪。

　　这次地震的震区位于阴山山系与太行山系交会处的怀来、延庆断陷盆地内。

　　根据中央地震工作小组认定，此次地震震中在河北怀来东北，具体震中位置是北纬40.39°，东经115.46°。震级为5.5级，烈度6度，震源深度为10公里。[中央地震工作小组主编：《中国地震目录》（三、四册合订本），科学出版社1971年版，第225—226页]但谢毓寿先生主编的《中国地震历史资料汇编》（第五卷）认为震中在北纬40.65°，东经115.71°。[谢毓寿等主编：《中国地震历史资料汇编》（第五卷），科学出版社1983年版，第280页]这次地震震源仅为10公里，所以对地面破坏比较严重（见下图）。

　　极震区：自怀来县甘泉庄经瓦房子，大海坨到延庆的海沟，呈北东方向的带状分布，长约33公里，宽约5公里。区内房屋普遍掉土或掉瓦，

222

房墙裂缝较多，有的村倒2—3堵墙。山石滚落，土崖崩落。

6度区（Ⅵ度区）：北起赤城县龙关乡，南到怀来县狼山乡，东到延庆县的河堡乡，西至宣化县的山村乡。区内人普遍有震感，惊逃户外，个别房屋掉土，也有掉瓦砖者，偶有墙倒塌。

5度区（Ⅴ度区）：北起赤城以北，西至宣化西。东至马道峪，南至官厅水库以南的门头沟。区内有不同程度的破坏和震感。

笔者考：此次地震对北京市、延庆县都达到烈度5度，部分地区达到6度。昌平、宣化、涿鹿、赤城、张家口之榆林均有震感。

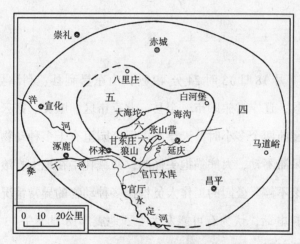

1967年河北怀来地震等震线示意图

摘自国家地震局地球物理研究所编：《北京及邻区地震目录汇编》，第33页。

*1969*年7月18日
渤海大地震

1969年7月18日13时24分49秒，山东垦利县、利津县、沾化县，河北省乐亭县，辽宁省旅顺市、金县，北京市区、顺义、密云、昌平等地发生地震。震前两个多小时，天津市人民公园里有十多种动物出现异常反应，如老虎呆滞不动，大熊猫抱头怪叫，西藏牦牛在地上打滚，泥鳅、甲鱼在水里翻滚不停。公园的工作人员根据多种动物的异常情况，向天津市防震办公室打电话，认为有可能发生强烈地震。18日下午13时许，地震果然发生（见下图）。

根据中央地震工作小组认定，此次地震震中在渤海海域，具体震中位置是北纬38.2°，东经119.4°。震级为7.4级，属于强烈地震，震源深度为35公里。（中央地震工作小组主编：《中国地震目录》（三、四册合订本），科学出版社1971年版，第238—241页）

现将本次地震灾情分7度区、6度区、5度区分述。

7度区及7度以上地区（Ⅶ度及Ⅶ以上地区）：

主要在山东惠民地区的黄河入海处，包括垦利县大部分和利津县、沾化县一部分。河北省唐山市辖的乐亭县沿海个别村庄震害也较重。惠民黄河大堤利津至六合长 130 华里的堤面石护坡砌缝普遍出现裂缝。新安村附近堤内地面亦普遍裂缝，并出现多处喷水冒沙现象，有的沙口直径达四米以上。垦利北岸集贤乡堤外沿小河沟裂缝。六合乡（在新安北 15 公里）约 200 米一段堤身，下沉 5—10 厘米。黄河农场的生产堤裂缝。

垦利县新安乡六百余间卧砖瓦房中，22 间遭破坏，损坏三百余间。军马场长约 100 米的砖墙砖柱马厩全部倒塌。孤岛地裂，长 1 公里，宽 30—40 厘米，北端下沉 30 厘米。下镇乡土坯墙泥草顶房屋大多数损坏，三分之一遭破坏，少数倾倒。卧砖瓦房少数倾倒。地面出现裂缝带，宽半米左右，长达 1—4 华里不等。民丰乡的双河村混凝土单孔双曲拱桥，桥中部裂缝，横贯桥面至拱肋。桥台石护坡有裂缝。村中沿古河道地裂，长三里，冒水涌沙。村中有 1500 间房中塌顶者 18 间，100 间受破坏，近 200 间裂缝。

利津县六合乡毕家嘴村附近的黄河大堤为地面裂缝带所切过，二百米长的一段下沉 5—15 厘米。一个中部为砖砌、两端为混凝土管之双孔函洞，砌体与管接合处裂开 10 厘米，扭错 8 厘米。毕家嘴村 180 间，倒 17 间，破坏 125 间，损坏 27 间。广合村 16 户，其中 13 户房屋倒塌。苇山头村 30 户，其中 11 户房房屋倒塌。

生产坝三孔闸门，块石砌墩，震后距墩顶 30 厘米处，沿夹缝横断剪裂，闸墩下沉，两侧护坡也有滑坡性裂缝。沾化县四扣乡的四扣村及其附近，地面多处裂缝，冒沙水。扬水站 8 间砖房有 5 道裂缝穿过，宽 10—30 厘米，其中一裂缝穿过机房墙角下深 6 米的块石墙基，缝宽 3 厘米。

自沾化县的四扣村，经利津县集贤村，至垦利县永安镇以东地区，地面多处出现裂缝带及喷沙孔群，规模较大，集中出现在垦利下镇乡、新安乡、永安乡和利津县的六合乡等地。唐山地区的乐亭县东南滦河口，老来河口和圈儿河一带沿海地区也有许多裂缝和喷沙冒水口。

上述地区民房大多为砖基带防碱层的土搁梁房，草泥顶。20 世纪

四五十年代 的老旧房,三分之一倒山墙或落顶,新房仅仅在屋角有裂缝。硬山搁檩,素泥抹缝的卧砖房,震后3%的墙壁倒塌。一般墙角有裂缝。

掖县的沿海之土山乡、太原乡、朱由乡、滕家乡、过西乡、西由乡、朱桥乡,房屋普遍裂缝,少数砖包土坯墙高危处倒塌,屋瓦滑落。

招远县房屋普遍裂缝、烟囱倒塌,少数墙壁倒塌,罗山乡欧家齐水库大坝裂缝,宽1厘米。

黄县的少数房墙和院墙倒塌,墙壁裂缝及倒烟囱的较多。黄山乡的房屋局部倒山墙的170间,坏屋脊29处,掉房檐25间,倒院墙227处。王屋水库土坝塌方二处,分别长58米和160米,高16.6米和23.3米。

蓬莱县全县倒塌房屋127间。滑瓦、掉檐等损坏房屋6000间。倒院墙、门楼、烟囱等三千余处。城内石牌坊柱震断一根。

昌邑县沿海的龙池乡、柳疃乡、东塚乡、卜庄等乡破坏较重。该县倒房89间,倒山墙、院墙、后墙等三百余处,倒门楼32处。东塚乡马疃村沿潍河故道有地裂,并有多处喷水。

平度县北部的大田乡、旧店乡、清扬乡破坏较重。大田乡房屋倒塌约42%,余者多出现裂缝。黄山水库大坝滑坡4处。

滨县的尚店乡邓家村倒房10间,墙裂缝,变形350间。

莱西县全县倒房55间,倒墙300处,倒烟囱三十余个。

长岛县房屋有裂缝,掉檐瓦,个别有倒墙的。黄土陡坡上有塌方。防坡堤水泥板接合处开裂。

寿光县北部沿海各乡破坏较重。少数房屋裂缝,或倒山墙,或落瓦,或掉檐者比比皆是。小青河两岸,弥河两岸有沿河裂缝,冒沙水。

另外,莱阳和益都少数房屋倒墙、裂缝。

唐山地区乐亭县、孟庄、董庄、新寨等地房屋破坏基本上相似于山东诸县破坏程度。

6度区(Ⅵ度区):北至北戴河,南至潍坊,东至旅顺和烟台。西到塘沽、沾化。其中以山东黄县、掖县、寿光、昌邑、利津、沾化，河北乐亭、昌黎、滦南、塘沽，辽宁金县、旅顺口略重。寿光、潍坊、昌邑、黄县、利津、垦利、沾化、乐亭等县地表裂缝，喷沙冒水。滦河入海口地区，自大清河向东至滦河口一带，地裂及喷沙，冒水也较普遍。蓬莱县艾山、北固山、二磁山，平度县大泽山，益都县的鲁山等山前地带，地震时山石滚落。烟台、潍坊、惠民地区，砖基土坯房2%裂缝或倒山墙。山区百年左右老旧黄土胶结毛石或卵石墙民房，10%震裂或倒山墙。

唐山地区东南部分诸县破坏情况：

抚宁县坟坨村倒墙3%，大清河盐场砖瓦房裂缝。

乐亭县的吴家兰坨全村660间房，倒塌及严重变形者49间，山墙倒塌及掉房檐者197处，294间墙裂缝。

昌黎县十里铺乡五营村210间土坯房，破损37间。刘台庄乡万余间房，破损四百五十余间。

天津市所属的县乡破坏情况：

宁河县芦台乡个别房屋塌落，农场烟囱倒，房屋顶棚裂缝。东风电机厂砖烟囱裂缝，厂房局部塌落。

塘沽工厂厂房受到不同程度破坏，碱厂碳化塔顶盖破裂，塔尾气管破裂，一铁烟囱变弯曲，民房受到不同程度的破坏，西沽街破坏三百余间。个别房顶小尾、女儿墙根部切断。一些老旧民房断檩，山墙倾斜，裂缝，门窗变形，烟囱倒塌。高沙岭附近的沙滩上，地震后有小沙眼冒黑水，高尺许。

汉沽化工厂厂房出现X裂缝，宽5厘米，长达7米，车间墙皮脱落。个别民房有损坏，民用烟囱也有倒塌者。

山东省长岛县大黑山岛距震中较近，破坏程度亦较重。南、北长山和砣矶岛上，房墙多系石英岩块，三合土勾缝，草屋顶或瓦顶，无立柱，砖砌烟囱。地震后普遍出现细裂缝，个别檐瓦震掉，烟囱倒塌。连接南长山、北长山两岛的防波长堤长 1200 米,近乎南北向,北端堤面中心顺水泥板接合缝出现裂缝,宽 6 厘米,长达 250 米。

另外,辽宁省的旅顺口和金县以西地区,2%—4% 的民房有轻微破坏。

5 度区(Ⅴ度区):西北至北京地区,西南至济南,东南到青岛、威海,东北至辽宁锦州、营口。区内居民震感强烈。烟台、青岛、潍坊、威海、大连、秦皇岛、天津等地、市及所属部分县、区的少数民房墙皮脱落,掉瓦。青岛市挂钟停摆,电站跳闸。潍坊市个别烟囱错位,天花板泥皮脱落。天津市有的房屋女儿墙不同程度闪裂,有的震倒。威海市少数烟囱震倒,墙损坏,瓦脱落。

这次地震死 9 人,伤三百余人。

此外,这次强震的有感地区很大,有如下县市:

北京地区:北京市,顺义,昌平,密云,平谷。

山东省:烟台、青岛、潍坊、威海、福山、牟平、文登、荣城、海阳、无棣、惠民、昌乐、临邑、胶县、崂山、乐陵、栖霞、苍县、荷泽、沂源、荏平、临沂、沂南、微山、平阴、嘉祥、东平、齐河、即墨、梁山、聊城、陵县 32 个县市。

河北省:秦皇岛市、沧州市、海兴、武邑、黄骅、盐山、围场、玉田、怀来、孟村、滦南、遵化、沽源、新河、静海、徐水、宝坻、大城、丰宁、阳原、南皮、蔚县、南宫、三河、滦县、献县、肥乡、望都、隆尧、枣强、赞皇、隆化、临西、馆陶、南和、赤城、武安、滦平、深泽、大名、高邑、任丘、临城、冀县、曲周、饶阳、赵县、束鹿、晋县、宣化、香河、丰润 52 市县。

天津地区:天津市、宁河、宝坻、蓟县、武清等。

辽宁省:锦县、复县、长海、陵源、兴城、黑山、彰武、盖县、辽阳九县市。

河南省:商丘市。

山西省：灵丘。

江苏省：华宁、沭阳、滨海。

内蒙古：奈曼旗、正兰旗、喀喇泌旗。

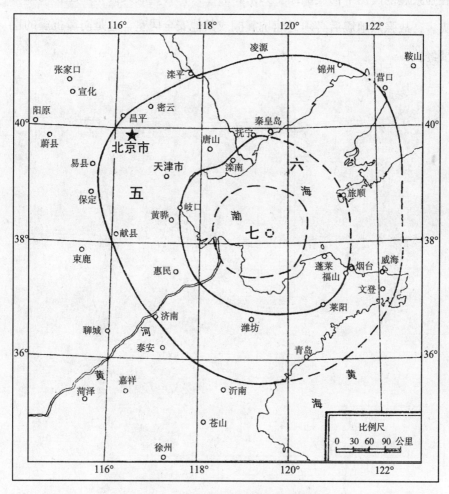

1969 年 7 月渤海地震等震线示意图

摘自国家地震局地球物理研究所编：《北京及邻区地震目录汇编》，第 37 页。

笔者按： 此次渤海强烈地震后，从 1969 年 7 月 18 日下午 14 时至 1969 年 7 月 19 日早上 9 时 52 分，又发生 4—5.1 级强烈余震四次。这种强烈地震后，出现多次强余震是正常的，也是大地震继续释放地下热能的必然规律。所以，凡是7级以上大地震，震后必然还要出现多次强余震。强余震仍然有很强的破坏力，主震遭破坏但还能勉强住人的建筑物，往往在强余震的震荡下彻底倒塌。如果真的住人，会造成人员压死压伤的二次灾害，故强烈地震后必须另建抗震棚或其他安全居室，这是防震抗震的重要经验。

1972 年 10 月 12 日
河北沙河地震

1972 年 10 月 12 日河北沙河县发生地震。发震时间是 12 日早晨 7 时 42 分 27 秒。极震区位于太行山麓地带。地质专家认为，沙河县的地震长轴总体走向与山前断裂带一致。沙河县是高阶地，被第四纪沉积物所覆盖，以棕红色老黄土和红土砾石层为主。沙河县属邢台市辖县（见下图）。

地震发生时，极震区所有的人均有感觉，房屋内的人惊慌地往外逃跑，人心惶惶。当时造成砖包土坯结构的房屋，在山墙与前后墙交接处破坏较普遍。

根据地震专家认定，此次地震震中在沙河县，具体的震中位置是：北纬 36.96°，东经 114.31°。震源深度为 16 公里，震级为 4.8 级，（《中国地震历史资料汇编》第五卷，科学出版社 1983 年版，第 378 页）属于大震。

本次地震震中烈度为 6 度，其范围是：西起孔庄乡以东地区，东到西葛泉以东，北界从邢台县龙华乡以南穿过，南至武安县邑城乡。区内多数房屋完好。未发现地面裂缝。少数房屋老裂缝进一步加大加长。另有老朽房屋倒墙现象。樊下曹村新砖房三间，后墙从上到下裂开一条缝，宽约 2—3 毫米，长约 3 米。此村西北地窖内发现数条地裂缝，最宽达 1 厘米，裂缝南端成顺时针雁行排列。

綦村民房掉土、掉砖情况较多，许多房墙开裂，一户山墙倒塌。村中邢台市铁矿配电室西墙震裂，形成北高南低斜裂缝，将砖拉断，电闸自动落下，全矿断电三小时。

另外，永年县，武安县及邢台县以北地区，室内人有震感，电灯摆动，有少数人从房间逃出。

笔者按：河北沙河县 4.8 级地震，没有对北京造成任何影响，因为震级较小，距北京较远，故北京无震感。但它在北京之南，又属于大震之列，故列为研究对象，供人们参考。

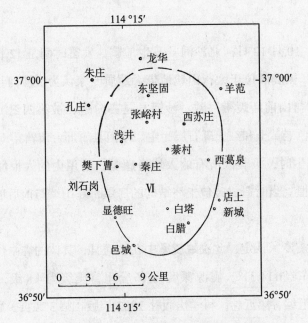

1972 年 10 月 12 日河北沙河地震示意图

摘自《中国地震历史资料汇编》第五卷，第 712 页，科学出版社 1983 年版。

*1973*年12月31日
河北河间·大城地震

1973 年 12 月 31 日 19 时 0 分 53 秒，河北河间、大城发生地震（见下图）。地震发生时，电灯摇摆，房屋及门窗作响，悬挂物摇晃，器皿内的水向外泼出，立柜门自动开关。河间、大城的人民群众听到巨响，此乃地震发出的地声，并感到强烈的上下颠动，大部分人惊慌地向室外逃跑。

极震区（6 度区、Ⅵ度区）：地震专家认定，此次地震的极震区西起河间县的米格庄乡以西，南至沙河桥、景和、杜生一线以北，东到里坦、白塔、崇仙乡以东，北界在西留各庄、南张寨以北，呈椭圆形状，长轴为东西向。区内房屋裂缝、掉瓦、落灰现象相当普遍。具体的震中位置是在北纬 38.47°，东经 116.55°，震级为 5.3 级，烈度为 6 度。（《中国地震历史资料汇编》第五卷，科学出版社 1983 年版，第 400 页）

5 度区（Ⅴ度区）：西界南起献县附近，向北通过河间以西和肃宁县以东；北起任丘县鄚州乡至静海县的唐官屯附近；东界由青县以东向南沿运河东侧伸展到沧县的李天木乡西部；南界至交河县的泊头镇、黄屯乡附近。区内人民群众有明显震感，有人惊恐地跑出室外，普遍反映听到很大响声，感到地面不停地跳动。有的人先感觉地面跳动，随后感到晃动，门窗作响,房屋普遍掉土落灰。

此次地震的有感范围很大,北界在怀来、兴隆一线,东界由遵化向南达济南一线;西界由怀来向西南延伸至平山县和邢台市一线;南界从邢台经聊城达济南一线。大致呈东北向椭圆形范围。距震中约200公里。区内北京市、天津市、济南市、唐山市、石家庄市、保定市、邢台市以及数十个县均有不同程度的震感。

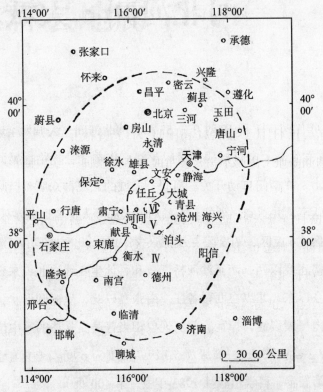

1973年12月31日河北河间·大城地震示意图

摘自《中国地震历史资料汇编》第五卷,第723页,科学出版社1983年版。

*1974*年6月6日
河北宁晋地震

1974 年 6 月 6 日 20 时 30 分 52 秒，河北宁晋县发生地震，该县的东汪乡、贾家口乡房屋表砖部分塌落，这两个乡的村庄约 5% 的房屋有损坏，贾家口乡西侯高村房屋裂缝最宽处，人的手掌可顺缝伸入。商店货架上的瓶子、茶缸等器皿相互碰撞，叮当作响。据此震情，震级约为 4.9 级，属于大地震范围，但损坏不是很严重。具体震中位置是北纬 37.60°，东经 115.13°，震源深度为 24 公里。(《中国地震历史资料汇编》第五卷，科学出版社 1983 年版，第 408 页）

笔者按：此次宁晋地震，不同于 1966 年 3 月 6 日和同年 3 月 22 日宁晋地震。1966 年 3 月 6 日地震震中烈度为 7 度，震级为 5.2 级，同年 3 月 22 日地震有两次，一次 6.7 级，另一次 7.2 级，都是破坏性大地震，对首都北京有强烈震感。而本次宁晋地震震级仅为 4.9 级，震源为 24 公里，较深，所有没有造成严重破坏，对北京亦没有任何影响。但作为一次属于 $\geq 4\frac{3}{4}$ 级的大地震，列此供地震和历史学家研究参考。不过，从 1966 年 3 月至 1974 年 6 月，八年之间宁晋大震四次，足以说明宁晋县是一个地震多发县，宁晋县政府和宁晋人民应对地震做好防震、抗震的准备，以减少地震带来的损失。

1976 年 7 月 28 日
唐山大地震

1976 年 7 月 28 日，唐山发生大地震。（注"唐山大地震"震情及破坏程度均采自钱钢《唐山大地震》，载《解放军文艺》1986 年第 3 期）1976 年 7 月 28 日 3 时 42 分 56 秒，如四百枚广岛原子弹，在距地面仅 11 公里处的地壳中突然爆炸！

唐山市上空电光闪闪，惊雷震荡。大地上狂风呼啸。强烈的摇撼中，这座百万人口的大城市在顷刻间夷为平地。

整个华北大地在剧烈震颤。天津市发出一阵阵房屋倒塌的巨响。首都北京市摇晃大摆。人民英雄纪念碑在颤动。砖木结构的天安门城楼上，粗大的梁柱发出仿佛就要断裂的"嘎嘎"响声。人民大会堂顶盖的东南角被震掉。

在祖国大地，北自哈尔滨市，南至安徽蚌埠、江苏镇江一线，西自内蒙磴口、宁夏吴忠一线，东至渤海湾岛屿以及东北国境线，这一广大地区的人们都感到异乎寻常的摇撼。强大的地震波早已传遍整个地球，于是全世界各大通讯社当日便公布了各地震台的记录结果。

美国地质调查所称：北京东南约 100 英里，北纬 39.6°，东经 118.1°，在天津附近，发生 8.2 级地震。

日本气象厅称：中国发生 7.5—8.2 级之间的地震，震中在内蒙古，即北纬 43°，东经 115°。

日本长野地震台称：中国发生 7.5 级地震。

瑞典乌普萨拉地震研究所称：中国发生 8.2 级地震。

美国里克特（里氏震级发明者）宣布：中国发生 8.2 级地震。

香港的英国皇家天文台宣布：中国发生的地震为 8 级左右，震中：北纬 39.6°，东经 118.1°，距唐山极近。

中国台北"中央气象局"称：阳阴山鞍部的地震仪测到大陆北部的强烈地震，规模为 8 级，震中在北平东部 135 公里附近。

中国新华通讯社于 7 月 28 日向全世界播发：我国河北唐山—丰南一带，7 月 28 日 3 时 42 分发生强烈地震。天津市、北京市也有较强震感。据我国地震台网测定，这次地震为 7.5 级……

几天后，中国再次公布经过核定的地震震级：MS7.8 级。

一、唐山大地震前的异常现象

1. 唐山大地震前，动物异常

据唐山八中老师吴宝刚、周尊夫妇讲：1976 年 7 月中旬，唐山街头卖鲜鱼的突然增多。我们很奇怪，多少日子里很难买到新鲜鱼，为什么今天特别多，而且价格非常便宜。

"这是哪儿的鱼？"

"陡河水库的。"卖鱼的告诉他们，"这几天怪了，鱼特别好打。"

唐山市赵各庄煤矿陈玉成讲：7 月 24 日，他家里两只鱼缸里的金鱼，争着跳离水面，跃出缸外。把跳出来的鱼又放回去，金鱼居然尖叫不止。

唐山柏各庄农场四分场养鱼场霍善华讲：7 月 25 日，鱼塘中一片哗哗水响，草鱼成群跳跃，有的跳离水面一尺多高。更有奇者，有的鱼尾朝上头朝下，倒立水面，竟似陀螺一般飞快地打转。

唐山地区滦南倴城乡王东庄王盖山讲：7月27日，他亲眼看见棉花地里成群的老鼠在仓皇奔窜，大老鼠带着小老鼠跑，小老鼠则互相咬着尾巴，连成一串。有人感到好奇，追着打，好心人劝阻说："别打了，怕要发水，耗子怕灌了洞。"

抚宁县坟坨乡徐庄徐春祥等人讲：7月25日上午，他们看见了一百多只黄鼠狼，大的背着小的，或是叼着小的，挤挤挨挨地钻出了一个古墙洞，向村内大转移。天黑时分，有十多只在一棵核桃树下乱转，当场被打死五只，其余的则在不停地哀号，有面临死期的恐惧感。26日、27日，这群黄鼠狼继续向村外转移，一片惊惧气氛。

2. 唐山大地震前飞鸟、飞虫失去"理智"

唐山地区迁安县平村镇张友讲：7月27日，家中屋檐下的老燕衔着小燕子飞走了。

同时，唐山以南宁河县潘庄乡西塘坨一户人家，屋檐下的老燕也带着两只剩余的小燕子飞走了。据说，自7月25日起，这只老燕就像发了疯，每天将一只小燕从巢里抛出，主人将小燕捡起送回，随即又被老燕扔出来。

宁河县板桥王石柱讲：7月27日，在棉花地里干活的人反映，大群密集的蜻蜓组成了一个约30平方米的方阵，自南向北飞行。

唐山以南天津大沽口海面，"长湖"号油轮船船员反映：7月25日，油轮四周海面上的空气嗞嗞地响，一大群深绿色翅膀的蜻蜓飞来，栖在船窗、桅杆、灯和船舷上，密匝匝一片，一动不动，任凭人去捕捉驱赶，一只也不起飞。不久，油轮上出现了更大的骚动，一大群五彩缤纷的蝴蝶、土色的蝗虫、黑色的蝉，以及许许多多蝼蛄、麻雀和不知名的小鸟也飞来了，仿佛是不期而遇的一次避难的团聚会。最后飞来的是一只色彩斑斓的虎皮鹦鹉，它傻了似的立于船尾，一动不动。

河北矿冶学院教师李印溥讲：7 月 27 日，他正在唐山市郊郑庄子乡参加夏收，看见小戴庄的民兵营长手拎一串蝙蝠，约有十几只，用绳子拴着，他说："这是益鸟，放了吧。"民兵营长说："怪了，大白天，蝙蝠满院子飞。"

3. 唐山大地震前，海水上涨，井水异常

唐山东南的海岸线上，浪涛发出动人心魄的喧响。从七月下旬起，北戴河一带的渔民注意到：原来一向露出海面的礁石，怎么被海水淹没了？海滩上过去能晒三张渔网的地方，现在怎么只能晒一张渔网了呢？海滨浴场沐浴用房子进了海水。常年捕鱼的海区，也比过去深了。距唐山较近的蔡家堡至大神堂海域，那从来是碧澄澄的海水，为什么变得一片浑黄？在不平静的海的深处，似乎有一条传说中的龙尾在摆动，在搅动海底的泥浆。据当时在秦皇岛附近海水里的一位潜泳者说，他看见了一条色彩绚丽的光带，就像一条金色的火龙，转瞬即逝。

唐山地区丰润县杨官林乡，一口约五十多米深的机井，从七月中旬起，水泥盖板上的小孔"嗤嗤"地向外冒气。7 月 25—26 日喷气达到高潮，20 米外能听见响声，气孔上方，小石块都能在空气中悬浮。

唐山地区滦县高坎乡也有一口神秘的井。此井并不深，平时用扁担即可以提水，可是在 7 月 27 日这一天，有人忽然发现扁担挂着的桶已经够不到井水的水面，他转身回家取来井绳，谁知下降的井水又突然回升了，不但用不着扁担，而且直接提着水桶就能打满水。真是奇怪！那几天唐山附近的一些村子里，池塘的水忽然莫名其妙地干了，有的池塘却又腾起了济南趵突泉那样的水柱。水，忽降忽升的水，它在向人类传递大自然的什么信息啊？

4. 京津唐一带的奇异磁场

北京市延庆县佛爷顶山上，海拔 1350 米，距唐山二百多公里，有一

台测雨雷达，附近还有一台空军的警戒雷达，26 日、27 日，连续收到来自京津唐上空的一种奇异的扇形指状回波，这种回波与海浪干扰、晴空湍流、飞鸟等引起的回波都不相同，使监测人员十分惶惑。京、津、唐一带，什么时候出现了如此奇特的一个磁场呢？人们在这个强大的磁场中毫无知觉地穿行着。

7 月 27 日，唐山北部一个军营里，几个战士惊叫起来，他们发现地下的一堆钢筋，莫名其妙地迸发出闪亮的火花，仿佛有一个隐身人在那里烤电焊。

在北京和唐山，就在 7 月 27 日半夜，不少人家中关闭了的日光灯依然奇怪地亮着。

5. 7 月 27 日深夜的动物反常

唐山栗园乡芳草营村王财讲：7 月 27 日深夜十二点钟，他看完电影回家，看见出门前总赶不进院子的四只鸭子，依然站在门外，一见主人，它们齐声叫起来，伸长脖子，张开翅膀，挓挲着羽毛，摇摇晃晃地扑上前，王财走到哪儿，它们追到哪儿，拼命用嘴拧着他的裤腿。

滦南县东大户村张保贵讲：7 月 27 日深夜，久久睡不着，老听见猫叫，他以为猫饿了，起来给它喂食，猫不吃，依然叫声不绝，并乱窜乱跑。

那一夜，唐山周围方圆几百公里的地方，人们都听见了长时间的尖厉的犬吠。

唐山殷各庄乡大安各庄李孝生讲：他养的那条狼狗，那一夜死活不让人睡觉，李孝生睡觉时敞着门，狗叫不醒他，便在腿上猛咬了一口，疼得他跳起来，追打这条忠实的狼狗。

7 月 28 日的凌晨，动物不安定的气氛更加频繁，更加疯狂。1 时 30 分，抚宁县大山头养貂场张春柱被一阵"吱吱"的叫声惊醒，全场 415 只貂像"炸营"似的，在铁笼里乱蹦乱撞，惊恐万状。丰润县白官屯乡苏官屯养鸡场也出现了一片混乱，一千只鸡来回乱窜，上窗台嘎嘎怪叫。饲养员给它们喂食，它们不但不食，反而更加慌乱，仿佛有什么东西在追逐它们，有一两百只鸡在鸡舍内扇翅惊飞！与此同时，丰润县左家湖乡杨谷塔大队饲养员陈富钢，在一个马车店里正在给马喂料，他看见骒马乱咬乱踢乱蹦，怎么吆喝也无用，三点多钟，六十辆马车的一百多匹马全部挣断缰绳，大声怪叫着，争先恐后地跃出马厩，在大路上撒蹄狂奔！

6. 唐山大地震前夕，天空出现奇异的明光

昌黎县有几个看瓜的人，看到距他们两百米远的上空忽然明亮起来，照得地面发白，西瓜地中的瓜叶以及瓜蔓清晰可辨。"怎么，天亮了？"丰润县一位中学生，揉着惺忪的睡眼，也产生了同样的感觉。他看见窗外十分明亮，连黄瓜架上的叶子都泛着白光，但是一看表，才凌晨三点多钟。正奇怪，天色又变暗了，屋外又如墨染一般。

总之，唐山大地震前，出现了许多地震前兆，不论是飞鸟、飞虫的失去"理智"，还是动物的狂奔乱跳；不论是海水、井水上涨，还是出现地光，都是大自然传给人类的警告信号：地震马上就要发生了！可是人们对这么多奇异的信息没有及时地搜集，没有集中，也没有输送给地震局，所以没有做出地震前的预报！这是多么遗憾的事啊！

二、唐山大地震目击者言——一份令人震撼的真实记录

（以下史料采自钱钢：《唐山大地震》，载《解放军文艺》1986 年第 3 期）
开滦印刷厂老工人姜殿武讲：
地震时，我正在凤凰山公园门口打太极拳。
我血压高，待病假，跟一个七十多岁的老头儿学了一套"二十四式"，那人天天三点钟起早，我这当徒弟的也得一样。7 月 28 号早上，我们三点半钟就在公园门口碰头了，一块儿去的还有一个姓唐的。

我们闲聊了几句，刚刚摆开架势想打拳，就听见"呜——呜——"的声响。像刮大风，又像旧社会矿上的"响汽"。那时我面对西南，老头脸朝东北，就听见他大喝一声："不好，失火了！"我一扭头，见东北边火红一片！

　　人还没反应过来，地就颠上了。起先是没命地颠，跟着是狠狠地晃。那姓唐的紧紧扒住公园的铁栏杆，我和老头就叉开双腿，死死地抱在一块儿。一开始我们俩还说话，我说："地动山摇，花子撂瓣，明年准是好收成！"老头说："不，是失火！"我说："不，是地震！"争了没两句，就觉得一阵子"撸松"——人像搁在一个大筛子上一样，被没完没了地筛着！

　　"哗啦啦——"公园的墙倒了。紧接着，对面一个大楼也倒了，眨眼的工夫！只听砖头瓦块哗哗地响，满天尘土，乌烟瘴气。"可坏了！"我说："快家去抠人要紧！"

　　我家离得不远，就在铁路边上。可我跑到铁路，我就傻眼了，怎么也找不着家——我们家周围那整个一片房子都平了！

　　唐山二五五医院原传染科护士李洪义讲：那天晚上，我值后半夜班。上半夜又闷又热，人根本就没睡着。十二点接班后，困得不行，在病房守到三点半光景，我就跑到外边乘凉。我记得我是坐在一棵大树下，一个平常下棋用的小石桌旁边。

　　四周围特别安静。我好奇怪，平时这会儿到处都有小虫子叫、青蛙叫，闹嚷嚷的，可眼下是怎么了？一点儿声音都没有？静得反常，静得叫人发慌。

　　突然间，我听见了一个古怪的声音，"吱——"从头顶飞过去，像风？不。也不像什么动物的叫声。说不清像什么，没法打比方，平时就没听见过这种怪声音。那声音尖细尖细，像一把刀子从天上划过去。我打了个哆嗦，起了一身鸡皮疙瘩。

　　抬头看天，阴沉沉的，有一片奇形怪状的云彩。说红不红，说紫不紫，天幕特别的昏，我心想："是不是要下雨啊？"起身就往屋里走。可是人莫名其妙地直发慌。我从来没有产生过这种感觉，像有人随时会从身后追过来，要抓我。我平时胆子挺大，太平间里也敢一个人站，可那时却害怕得要命，心怦怦乱跳，走着走着就跑起来，可穿双拖鞋又跑不快。

我回了一下头，见西北方的天特别亮，好像失火了，又听不见人喊。到处像死了一样。我越发紧张，赶快逃进屋子，一把拧亮电灯，又把门插上。

这时我就听见"呜——呜——"的巨响，像百八十台汽车在同时发动。"糟了！"邢台地震时我在沧州听见过这种声音的。我立刻想到是地震。

说话间房子猛烈摇晃起来。桌子上的暖瓶栽下地，炸了个粉碎。我用力打开门，只开了一小半，冲出房子，冲向那棵大树。

我紧紧抱住大树。黑暗中，只觉得大地晃晃悠悠，我和大树都在往一个万丈深渊里落、落、落。周围还是没声音，房子倒塌的声音我根本没听见，只看见宿舍楼的影子，刚才还在，一会儿就没了。

我伸出手在眼前晃，可什么也看不清。

我吓傻了，拼尽全身力气吼了一声："噢……"

唐山郊区稻地大队农民田玉安讲：

地震时，我还在外边打场。咋干得这么晚？那些天连着下雨，麦子都快焐坏了。没法子，只得加班加点。

一直到凌晨三点多才完事。别人拾掇工具回村去，我和两个人留下扫场子。

猛然间，像当头挨了一个炸雷。"轰隆隆——"地动山摇！我像让一个扫堂腿扫倒在地上，往左翻了个个儿，又往右打了个滚儿，怎么也撑不起身子，场上的电灯一下灭了。

一扭头，妈呀，吓死人！一个大火球从地底下钻出来，通红刺眼，噼啦乱响，飞到半空才灭。

天亮以后，我看见火球窜出的地方有一道裂缝，两边的土都被烧焦了。

唐山煤气公司基建科干部杨松亭讲：

地震发生前，闷热闷热，有雾气沼沼的感觉。那年我十六岁，初中毕业后没工作，在路北区公安分局刑警队防范组临时帮忙，抓小偷和"流窜犯"。7月27号晚上，我们在长途汽车站那块巡逻值班，因为那儿人特别多，特别乱。28号三点多钟，没啥事了，我们哥儿几个在汽车站旅馆前头坐着聊天，突然，屁股底下猛烈颤动起来，耳边像有老牛吼叫，又像是人立在大风口上听到的声响，吓得我们跳起来就往马路当中跑。路变窄，我们又怕房子倒下来压着，又怕路灯掉下来砸着，可路灯一下灭了！

我和叫王国庆的抱在一块儿，可是撑不住，像有双手硬把我们撕扯开，我们都摔倒了。强站起身，又来一人，三个人撑在一起，还是撑不住。人像站在浪尖甲板上，你也晃我也晃，我们就蹲下来，互相死死扒住。地在狠劲儿地颠，脚都颠麻了。

这时候，"嘭！嘭！嘭！"房倒屋塌的巨响，就闻到了一股子呛人的灰土味儿。成群的人涌到了路上，可谁也跑不快，摇摇晃晃，一步一个跟头。我看见三个卖烟酒糖块的女人逃出了售货亭子，可是车站饭店那个正在做豆腐脑的女人却没逃出来，不知叫啥家伙砸中了，她一脑袋扎在了滚开的锅里。

唐山火车站调车员宋宝根讲：

那一阵，我差点从车皮上掉下来摔死。我是调车员。地震发生前，我正在专用线上挂车皮，对了，是一车皮毛竹，堆得特高，我就坐在高高的毛竹顶上摇灯。那时车头已经挂上了，我给了司机一个"顶进"的信号，司机拉了一声笛，正要开动，只听"咣"一声巨响，车皮就猛地摇晃起来，我第一个念头："糟了！""脱轨！"立刻打了个"停车"的信号，谁知灯还没摇起来，人就栽倒了。晃得真凶啊！我从毛竹顶上被掀下来，几个滚儿滚到帮上。"完了！"我不顾一切地扒住捆毛竹的钢丝，哪怕钢丝勒进肉里，不扒住就得摔死！这时候又一阵摇晃，幸亏不是左右横着摇，而是前后直着晃，我头发直发毛，要左右摇，车非翻了不可！

那摇晃刚停，我就从车上滑下来，这时候车头大灯还亮，往前一看，天哪，溜直的铁道，都拧了麻花，曲里拐弯像大长虫。我这才明白是地震，只听有人喊："地要漏下去了，快扒住铁道！"

我一下子扑倒在地，紧紧抓住 铁轨不放，人都吓傻了……

唐山火车站服务员张克英讲：

地震时那一声巨响，我一辈子也忘不了，真吓死人了。

那天我（凌晨）二点多钟起来值班，在问询处卖站台票。三点多光景，听见有人喊："要下雨啦，要下雨啦。"我赶紧跑出去搬我的新自行车，只见天空昏红昏红，好像有什么地方打闪。站前广场上的人都往候车室里涌，想找个避雨的地儿。

这时候，候车室里二百多人，接站的，上车的，下车后等早班公共汽车的，闹嚷嚷的一片，我还记得有一男一女两个年轻人，要找我买站台票，接北京来的车，我说："这会儿没车，五点以后再买吧。"他俩也不走，就在窗口等着，谁想就这么等来了大地震！

地震来以前，我正隔着玻璃窗和陈师傅说话，商量买夜餐的事，我让他带俩包子来，话还没说完，就听："咣！！！"那声响啊把人都震蒙了，我觉得是两个高速行驶的火车头对撞了！没等我喊出来，整个候车室灭了灯，一片漆黑，房子摇晃起来，候车室乱作一团，喊爹的，叫妈的，人踩人的，东西碰东西的，什么声音都有，光听见"扑通！扑通！"吊灯和吊扇落下来砸在人脑袋上的声音，被砸中的大人孩子一声接一声地惨叫。不一会儿，"轰隆隆"一声，整个儿车站大厅落了架，二百多口子人哪，差不多全给砸在里面！

多亏房门斜倒在"小件寄存"货架上，把我夹在中间，没伤着要命的地方，我听见离我很近的两声惨叫：

"哎呀——"

"妈呀——"

我听得出，是那等站台票的一男一女，他们喊了这一下，再没有第二下……

唐山第一医院医务处副处长刘勋讲：

7月28日凌晨三点半，我睡得正香，就听有人敲我家门："刘大夫！刘大夫！"声音特别焦急。开门一看，是郊区医院的王开志，他说："前两天咱们一块儿做手术的那个病人，情况够呛，你是不是辛苦一趟去看看？车已经开来了……"

这次出夜诊实在是太碰巧了。

我穿上衣服刚和王开志迈出门槛，地震就来了！先是晃，天旋地转，晃得人站不住，又挪不开。再就是颠，脚底像过电似的。紧接着，房上的砖瓦就开始飞起来，也怪，"噼里啪啦"地砸在身上，一点儿也不觉得疼，只觉得慌。那"呜呜"的声音太瘆人了。我看过一部火山爆发的纪录片，火山口像有一锅铁水在咕嘟。地震那一刻，我觉得比站在火山口上还害怕，人根本控制不住自己，心跳的节律完全乱了。四周一片漆黑，烟气腾腾……房屋倒塌！

不一会儿，人忽然可以跑起来。我自己也不知道我是怎么跑起来的。可是才跑了三四步就觉得脚下不对劲儿，一看，呀！我怎么已经上了房顶！

唐山发电厂工人张俊清讲：

地震时，我正在锅炉控制室值班，突然房子摇起来，所有仪表的读数都出现异常，刹那间，整套设备自动掉闸，全场一片漆黑！

我一屁股摔倒了，控制室里，椅子翻了，水瓶砸了，挂在墙上的安全帽、工具包、手电棒噼啦落地。我抓住一个电棒，立即做水汽隔绝处理。大家不知发生了什么事，只知道电网发生了最怕人的事故，得赶紧恢复！

冲出控制室，楼房嘎嘎地响，砖头乱砸，只见灭了火的八号和九号锅炉，煤烟倒流，从锅炉底部呼呼地倒卷出来。我们全被滚烫滚烫的煤烟和粉尘包裹住了。只听黑烟中传来喊声："现在是地震！总值班长有命令，不准离开岗位，擅离职守的要负法律责任！"

全厂的空气紧张到了极点，房在倒，地在颤，蜂鸣警报器"嘟！嘟！嘟！"地响，还有电铃、小喇叭，都一起发疯似的叫，最怕人的是几台锅炉发出的排气声。安全阀这阵儿起作用了，锅炉里的水蒸气，以每平方厘米一百公斤的压力猛劲喷射出来，发出扎耳的尖叫。所有的人都被这尖叫声惊呆了，它比几百台火车头一块儿喷气的声音还要响，就像要把人的心切烂撕碎！

三、唐山大地震造成的破坏

唐山大地震造成的损失和破坏情况，不仅在中国地震史上绝无仅有，就是在世界地震史也是最惨烈的一次。

唐山大地震的震级为 7.8 级，烈度达 11 度，震源深度为 16 公里。极震区在唐山市，唐山市的烈度就达 11 度，破坏情况最惨烈。以唐山市为中心，向四周扩展，烈度递减。破坏程度亦相应递减。以下按 11 度区、10 度区、9 度区、8 度区、7 度区分别概述。

11 度区：在唐山市内。等震线长轴大致呈北东向，在平面图上呈椭圆形，长约 10 公里，宽约 5 公里。

区内的唐山市多数建筑物，包括厂房、学校、商店、民房及其他公用建筑和乡（当时称公社）所在地的部分公房（属三类建筑物），农村中的大多数房屋（多为二类建筑，少数为一类建筑），地震后，基本倒平或遭到严重破坏。

独立的砖烟囱从根部折断倒落，砖筒壁水塔普遍落地。

桥梁普遍毁坏或严重破坏。

铁轨大段地发生蛇形扭曲，或由于路基下沉而呈波浪起伏。

公路路面普遍产生横向鼓包，或纵向张裂，或由于路基失效，产生巨大的张裂，路面严重破坏。

地表产生大量裂缝，它们的走向及其他宏观现象在局部构造上与唐山矿北东向Ⅴ号断裂位置吻合。主破裂带（见图155A）沿Ⅴ号断裂密集成带伸展，总长度断续大于8公里，带宽约30米，总方向为北东延伸，水平面右旋扭距最大达1.5米，南东盘下落0.2—0.7米，穿越围墙、民房，横切河渠、路基。破裂带呈强烈的扭性，属典型的扭裂断层带，由十余条扭裂缝反排雁列组成。各条侧列再现点相距50—150米。主破裂带上在南端消失点分散成四条相距2公里的牵引带。再向南进入8度区的丰南县西河乡，为走向北东40°的地堑型凹陷，其长约2公里，两条裂缝相距1公里，中间下落3米，呈积水洼地。除主破裂带外，尚有几条次级地震破裂带。其一在主破裂带西北2公里，沿北东30°—45°展布2公里多；其二在主破裂带以东1.5公里，全长大于2公里，呈北东35°延伸；其三在主破裂带东南侧3.5公里外，长度在2公里以上，顺北30°—45°东延伸。

在震区及其周围发现大量的地面破裂现象。除裂缝带外，还有喷沙冒水、井喷、重力崩塌、滚石、边坡崩塌、地滑、地基沉陷、岩溶洞陷落、采空区塌陷等。

凡东西向裂缝属张性，南北向裂缝属压性，反映震时地面作右旋相对运动。

10度区：本区东起古冶矿、唐山市大庄坨乡，南至丰南县的稻地镇和董各庄乡，西达丰南县兰高庄乡，北到唐山市付家庄乡和王辇庄乡。等震线长轴走向北45°—50°东，呈北东宽、南西窄的瓢形，长36公里，最宽处为 15 公里。面积约 370 平方公里。

位于此区内的城市、城镇和乡所在地的房屋，多数为三类房，农村中的民房，多数为二类房，少数为一类房。地震后三类房屋大多数倾倒，或遭严重破坏。

区内高大建筑物，如烟囱、水塔等，大部分从下部或中部倒塌，少数破坏。

跨度较大的桥梁大多数震断或严重破坏，堤坝产生宽大裂缝。

部分地段铁轨出现蛇形弯曲或由于路基下沉，呈波浪起伏状。

公路路面普遍出现横向的小鼓包和纵向张裂。

区内地裂缝主要受地基、地貌影响，一般以张裂为主，人工填土的公路路面和河沟两侧地裂缝规模较大。河沟两侧伴随有较强烈的喷水冒沙，最大的喷沙孔直径达 3 米。

9 度区：本区东起滦县雷庆、小马庄一带，西止天津市宁河县岳飞庄、小张庄一带，南起丰南县小集、辉坨、西葛庄一带，北到丰润县新庄子、李庄子一线，呈北东向不规则椭圆形，长轴约 80 公里，短轴约 40 公里。

区内一类大房大多数倾倒，少数破坏。二类房（普遍分布于农村）40% 左右倾倒，大多数破坏，少数损坏。三类房倒塌 20%，许多破坏。

区内高大的砖烟囱从中间折断。

跨度大的桥梁许多震断或破坏。

铁路因路基下沉略呈波浪起伏，铁轨呈小幅度蛇形弯曲。

地面普遍开裂，大部分与地基和地形有关。

地裂缝使公路破坏严重，在古冶到岳各庄一带、稻地镇到小集一带尤为严重，路面裂缝多与公路走向一致或相垂直。与公路走向一致的大部分为张性裂缝，与公路垂直的为压性，其规模大小不一，长度由数米到数百米，宽十多厘米到几十厘米。还有一些方向性较强的次生裂缝，如稻地地裂缝、茨榆坨地裂缝等。喷水冒沙遍及全区，使大量农田遭受不同程度破坏。

8 度区：本区西起宝坻县林亭口，东至卢龙县石门，北起丰润县北部大石营，南到渤海边，呈椭圆形，长轴 120 公里，短轴约 80 公里。

区内属一类房的土搁房和毛石房（大多数分布在南部、西部及北部）20%—30% 倾倒，大多数破坏或严重破坏。本区东部以表砖木架二类房为主，由于老旧房较多，一般破坏达 60%—70%，倾倒占 15%—20%。区内较好的二类砖平房，一般破坏在 30% 左右，倾倒 10% 左右。三类房主要分布在城镇，多数受到不同程度的损坏，少数破坏，个别倾倒。

工厂烟囱普遍震酥，脱皮，产生裂缝，有些折断，个别倒塌。

水渠、水道、机井等在喷水冒沙严重地段大多数被堵塞、淤死或破坏。

铁路路基有轻微下沉，铁轨在水平方向轻度弯曲。

公路因地基沉陷，出现裂缝及鼓包。

地裂缝也很普遍，大部分受地形控制，也有方向性较强的，其规模大小不一，长度由几十厘米到数百米，裂缝带宽由几厘米到数米。

7 度区：本区呈北东东向不规则的椭圆形，东起抚宁县的麻姑营、枣园、西河南一线，西至大厂县的祁各庄、安次县的北旺、永清县的别古庄、静海的良王庄、大丰滩、大郝庄一线，经过吕桥以北，在陆地上封闭于黄骅县歧口以南，南自乐亭县的大清河，越过渤海到黄骅县的吕桥，北至三河县、蓟县、遵化以北一线，长轴 240 公里，短轴 150 公里。

区内属一类房屋的土搁梁房及毛石墙（大多数分布于农村，特别是沿海一带及北部山区），有 10% 左右的倾倒，30% 左右遭到破坏。普遍分布在本区农村和城镇的二类房屋，有少数老旧的倾倒，10%—20% 破坏，主要是山墙部分倒塌。特别是青砖房，外层砖砌体倒塌较多，而内层土坯砌体倒塌较少。

高大的烟囱个别错位、掉头或折断，普遍产生纵横裂缝。

本区东南沿海地区有大面积的沙基液化。在沙基液化区，公路、堤坝等产生裂缝，并发现大量醒目的喷水冒沙和地基变形。地震时，人的感觉强烈，但可以站立住。少数放置不稳的器皿倾倒。

在唐山大地震中，全国有五省二市遭受不同程度的破坏。出现轻微破坏现象的最远距离范围是：北起辽宁黑山、内蒙多伦，南至山东德州，西起山西繁峙、和顺，东至渤海内，呈不规则的椭圆形。长轴约950公里，大致沿北55°东延伸，面积约20万平方公里（见下图）。

地震波及的有感范围，包括全国的十二个省和北京、天津两个直辖市，有感范围北起黑龙江满洲里，南至河南漯河，西起宁夏回族自治区的石嘴山、吴忠，大致亦呈不规则的椭圆形，长轴约2000公里，呈北40°东方向，国内陆地面积约200万平方公里。

1976 年 7 月 28 日，唐山大地震主破裂带分布图

摘自《中国地震历史资料汇编》第五卷，第 749 页，科学出版社 1983 年版。

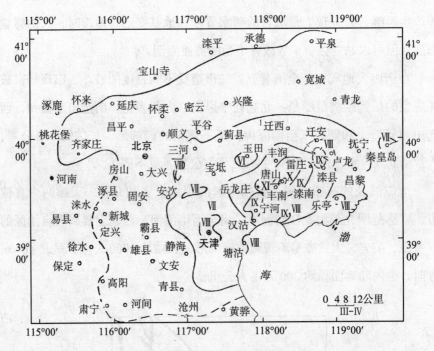

1976 年 7 月 28 日唐山大地震等震线图

摘自《中国地震历史资料汇编》第五卷，第 751 页，科学出版社 1983 年版。

四、唐山震后大营救

唐山大地震，在一瞬间，就将一百多万人口的唐山夷为平地，变成一片废墟，在废墟中还埋着成千上万，甚至几十万人，他们在废墟中呻吟、喊叫。他们为活下来拼命抗争、挣扎啊，动员一切国家和社会力量抢救他们，是十万火急的事！

1. 李玉林等自发向中南海报警

7 月 28 日凌晨 4 点 10 分，地震发生不到三十分钟，一辆红色救护车吼叫着从开滦唐山矿开出。它碾过碎砖烂瓦，驶入起伏不平的新华道，在茫茫灰雾中颠簸、摇摆，拼尽全力向西开去。这是自唐山大地震后，唐山市第一辆苏醒的车。车上有四个人，仅仅用三个多小时，红色救护车出现在北京中南海的门前。他们中的三个，跨进了国务院，向副总理们报告唐山大地震的惨景。

历史应当记下车上那四个人的姓名：

唐山矿前工会副主任李玉林；

唐山矿武装部干事曹国成；

唐山矿矿山救护队司机崔志亮；

唐山矿机电科绞车司机袁庆武。

当李玉林和曹国成从增盛里宿舍区的废墟中钻出来时，他们的第一个闪念是：到矿党委去报告！十多分钟后，他们见到了矿党委办公楼的瓦砾堆，站在这片瓦砾堆上，他们才注意到开滦矿务局党委和唐山市委也已是一片废墟。

与此同时，在风井口上夜班的崔志亮以为风井出事，驾车回矿告急。

四人到了一起，完全没有时间商量和考虑。恐惧、焦急、震惊的混乱情绪，在那时只浓缩成了李玉林嘴里短促的几个字：

"上车！找电话……"

四个普普通通的人谁也没有意识到就从那一瞬间起，他们已经成了危难中最先点燃烽火的报警者。

"玉林，咱们上地委！"曹国成喊道。

红色救护车沿着新华路狂奔。李玉林惊愕地瞪大双眼，路上有七个大招待所，全成了废墟，他留心数了数，只有几十个幸存者站在路边。这就是唐山！

地委在哪里？军分区在哪里？

司机小崔对李玉林说："李叔，我听你的，你让我上哪儿我就上哪儿！"

李玉林说："向西！再向西！"

废墟中隐约传来一阵阵呼救声，有人挥手拦路，要求运送伤员。

"别停！"李玉林狠狠心，"赶快走！打电话要紧！"

一块块大砖头向救护车飞来，站在路边的人破口大骂。

救护车在唐山市郊又一次被拦住了。人群、伤员、横在路中央的尸体和水泥电线杆……

"送唐山！快把伤员送唐山！"

"嗨，唐山全平啦！"曹国成探出头去，"房倒屋塌呀，哪还有什么医院？你们赶快组织自救吧！"

"这是送信的车！"李玉林跳下车喊，"时间比什么都宝贵，上级早一分钟知道，就可以多救活不少人！"

人群活动了。人们挪开尸体，搬开石头，移开横在路上的电杆。汽车从染血的路上疾驰而过。

五十迈！六十迈！七十迈……一堵堵断墙在窗外飞速闪过，一片片废墟的村落扑面而来，李玉林，这个前中国人民志愿军战士，第一届全军运动会的摩托车赛选手，是个身材魁伟、胆大过人的汉子，此时，他赤裸着上身，只穿游泳裤，紧盯着前方有条条裂纹的道路。身着汗衫的曹国成，不时把他那顶矿工帽伸出窗外摇晃，示意路人躲避。年轻的司机崔志亮，紧紧握着方向盘，手在微微发颤。前方是玉田。

县委大院，背着手枪的县委书记正在废墟上团团打转。

电话！哪里还有什么电话？

一位县委领导拦住曹国成等人，盘问不休，红色救护车又在公路上向西狂奔。电话，一路上没有地方可以打通电话。前面的蓟县能有希望吗？

当曹国成在蓟县县委被一连串烦躁的"不行"挡住时，他的脑袋快急炸了。

"走，赶快走！"

可是屋里跑出了国家地震局三河地震大队的几个工作人员，他们寻找震中，刚刚赶到蓟县。

"你们是唐山的？快！快说说那边的情况……啊……啊！……你们派

一个同志跟我们上唐山，我们派一个同志跟你们走！"

车又开动了。袁庆武跟地震队的车返回唐山，地震队一位姓卞的同志跳上了红色救护车，快，快走！快去找电话！直到开至北京郊区的通州，李玉林和曹国成还想试图从一个工厂往北京国务院挂长途，工厂看门的老头说："还挂什么电话？有等电话的工夫，车就到了！"

对！开到北京去！

红色救护车拉响警报器，风驰电掣般地驶入北京建国门，沿着雨水浇湿的宽阔的大街急速奔驰，不管路上是绿灯还是红灯。

"上我们地震局吧。"老卞说。

"你们向中央报告需要多少时间？"

"回去整一份材料，有半天就差不多……"

"半天？那不比打电话还费时？"李玉林几乎要吼起来，"上国务院！"

红色救护车向新华门飞驰而去。（摘自《解放军文艺》1986年第3期，第22页，钱钢：《唐山大地震》——"7·28"劫难十周年祭。）

李玉林回忆道：（以下是钱钢在唐山大地震十周年之际，重访李玉林和曹国成的记录，重点是到中南海向中央首长当面汇报唐山大地震的惨状和中央决定大营救的措施。）

"救护车在距新华门十米的地方被一个警察拦住了。小崔刚刹住车，警卫战士就冲了出来，我光着上身，穿着裤衩跳下车去。警察问：'干什么的！'

我说：'唐山来的，到国务院报警……'

那民警态度倒挺好：'你们上国务院接待站去，府右街四号，六部口向右拐！'

到了国务院接待站门口，我穿上了修车的破衣服，正想进去，一看，两手的血，那是地震时扒了一个邻居的孩子时，他母亲身上流出来的。我蹲在路边，用地上的雨水洗净了血迹，又抹了把脸，才往里走。

那是早晨八点零六分。

国务院接待站有位解放军首长，一听说是唐山来报警的，立刻进去打电话。一会儿便出来，让我们登记，正在这时，唐山机场乘飞机来的两位空军同志也到了。我们和空军同志一起被领进中南海。进去时，一辆'大红旗'正开出来，和我们擦肩而过。"

（注：当时，政治局关于大地震的紧急会议刚刚结束，震中已初步确定，河北省委第一书记刘子厚和煤炭部部长肖寒奉命立即乘飞机赶赴唐山。和李玉林等人一同进入中南海的两位空军干部，是某飞行团副政委刘忽然和师机关参谋张先仁。他们乘坐兰州空军高永发机组赴唐山执行任务的"里—2"飞机于六时五十一分起飞，七点四十分在北京着陆。）

曹国成讲：

"我们被领到中南海紫光阁。当时会议室里几个副总理：李先念、陈锡联、纪登奎……桌上摊着一幅大地图，他们拿着红笔在那儿指指点点，气氛很紧张。不一会儿，吴德到了，好几个人一齐问：'老吴，北京郊区怎么样？'

吴德说：'一会儿报数！一会儿就报数！通县大概是倒了四百户！'"

李玉林讲：

"看到我们进去，他们站了起来。我说：'首长啊，唐山全平啦！'李先念、纪登奎过来把我抱住了，记不清是谁说：'别急，别急，坐下来，喝口水，慢慢说……'

所有人都问：'怎么样？'

我说着就哭了起来：'首长啊！唐山一百万人，至少有八十万还在压着哪！'

在坐的都哭了。

李先念问我：'井下有多少人？'

我说：'一万！'

'这上万人，危险了……' 李先念又问：'唐山楼房多还是平房多？'

我说：'路北楼房多，路南平房多，一半对一半吧。'

'得赶快想办法救人！'

陈锡联递过一张纸，叫我画一幅唐山草图，吴德走过来问：'开滦总管理处那座英国人盖的大楼在哪个位置？'

我指着图：'在这儿，已经塌了……'

吴德叹了口气，他当过唐山市委书记，知道那座英国人盖的老楼——那楼十分坚固，墙有一米厚，吴德说：'唐山不在了，唐山不存在了……'"

曹国成又回忆道：

"我们提了三条要求：派军队、派矿山救护队、派医疗队。

当时真是十万火急，我们说一条，会议上议一条，几个副总理站起又坐下，坐下又站起。马上有人问陈锡联：'老陈，哪个部队近？' 陈锡联报了一连串野战军的番号和驻地。正在这时，有个解放军跑进来报告：沈阳军区司令员李德生来电，沈阳军区的救灾部队已经待命！和我们同去的空军同志打开皮包，掏出地图，标出全国各个机场的位置，立刻帮着拟完矿山救护队的登机方案。

会议室里一片紧张的声音。

'叫总参来人！'

'叫空军来人！'

'通知卫生部、商业部、国家物资总局的领导，立刻到这里开会！'

'煤炭部，还有煤炭部！肖寒呢？'

'跟子厚上机场了……'

'噢，对，叫他留在唐山，别回来了！通知煤炭部副部长——'

'他立刻就到，已经在半道上！'

当时主持会议的像是纪登奎。先念同志低头坐在一边，纪登奎有时回过头去，问他：'先念，你看这样行不行？' 先念同志就说自己的意见。他显得心情十分沉重，人比照片上看到的老。

进去半小时之后，有解放军给我们几个送来了军装，有军医来给我们看病。当时我们都快垮了，玉林直感到恶心。

国务院各部的领导都到了。他们开紧急会议，我们被领到隔壁吃饭，酱牛肉、咸鸭蛋、一两三个的小花卷。我们饿极了，可都吃不下。有人进来说：'你们完成任务了！'我们激动得不知该说什么好，直喊，'毛主席万岁！'"

曹国成、李玉林、崔志亮的出现，使国务院副总理们深切意识到了灾难的惨重程度，中南海被搅动了。整个中国被搅动了。

七月二十八日上午 10 时整，北京军区副参谋长李民率领指挥机关先头人员，乘飞机在唐山机场紧急着陆。

少顷，空军机关人员到达。

11 时，河北省委、省军区先头人员到达。

12 时许，北京军区副司令员肖选进、副政委万海峰、政治部副主任郑希文和河北省委刘子厚、马力 、省军区司令员马辉、煤炭部部长肖寒乘坐的飞机降落。

下午 14 时，三架飞机载来沈阳军区指挥机关人员和辽宁省医疗队。

下午 16 时起，五架飞机分别运载大同、阳泉、峰峰、抚顺、淄博、淮南矿山救护队赶到唐山。

此时，救灾部队正由西南和东北两路向唐山开进。

2. 西南线：高碑店—唐山

"7·28"当日，通往唐山的一条条公路上，中国人民解放军十万救灾大军，日夜兼程向唐山地震灾区开进。烟尘弥漫，马达轰鸣，摇晃着鞭状天线的电台车，不时向部队发出联络信号，飘飞着红十字旗的卫生车上，各医疗队正紧跟部队部署抢救工作；无数辆满载士兵的解放牌卡车，此起彼伏在鸣响急促的车笛，在泥泞不平的公路上连成了一条长龙。

某摩托大军在火速前进。

当时担任师副政委的高天正说，7月28日凌晨3点42分，一座座营房在大地的颤动中发生骇人的摇晃。士兵们奔出宿舍，师领导立刻进入指挥位置，他们一面向上级联系了解所发生的情况，一面命令部队处于待命状态。

9点整，在唐山地震发生五个多小时后，该师接到作为先头部队赴唐山救灾的命令。当时全师部队正分散在方圆一百多公里的七个县、二十三个点上，执行训练、营建、生产等任务。刚刚成立的军"前指"立即决定：边收拢边出发，边编队边开进。作训处以向京、津、唐地区机动的战备方案为基础，迅速制订了行军方案，给每台车下发了路线图。

9点30分，担任尖刀连的某团"红二连"离开营房。

10点20分，高天正和一位副师长率先头团出发。

有多少年没有经历过这样动人心魄的场面了？漫天的乌云像浓黑的硝烟，隐隐的雷声如远方的炮响，路边是越来越多的坍塌的房屋，迎面走来一群群缠着绷带的伤员……霸县、天津，满街的塑料棚，满街的老百姓。救灾大军就从那一片呻吟和哭喊声中穿过一个个满目疮痍的城市和集镇，向灾难的中心唐山推进。

下午16时许，摩托化部队突然停止了推进。蓟运河！长达150米的大桥被震断，桥板从中间断裂，跌落在湍急的波涛之中。大部队被拦阻在河南岸，各级指挥员焦急万状。架舟桥吗？需要五六个小时，这是不容停滞的五六个小时。河对岸看见黑压压的逃难的人群，人们在挥手，在呼喊。这一边，千军万马被淤塞在道上。渐浓的夜色里，到处是晃眼的车灯；风中雨中，到处能听见步话机员急不可待的呼叫……

终于，先头团政委罗尚立从地图上发现了一条经玉田、丰润到唐山的机耕道，他立刻向"前指"建议：改道！

被阻塞在公路上的大部队，几乎是整个调了一个头尾。无数辆军车，费力地扭过车头，吼叫着开上那条狭窄、泥泞的拖拉机小道。

深夜，小路始终在隆隆的马达声中震颤着，方圆数十里的田野上飘漫着汽油和柴油的气味。

司机们已经整整颠簸了十多个小时。

7月29日凌晨3点40分，几乎恰好是地震发生二十四小时之后，先头团进入唐山。

3.东北线：山海关—唐山

沈阳军区某军昼夜兼程。

先头部队也被波涛汹涌的大河拦住，公路桥已震断，车队只有唯一的出路，强行通过尚未毁坏的铁路桥！

"我的车打头！"一位师长指着他的指挥车吼道，"我要死也死在这车里面！"

另一条路上，某部二营正以强行军速度向唐山开进……

王庆祝是该营的指导员，他说终身难忘那一天的经历：上午，部队正在进行实弹射击，上级突然下达立即出发参加救灾的命令。全营干部战士跑步二十里路赶回营房，当时午饭已快熟，整个部队不等吃饭就开始登车。炊事员一瓢水浇灭炉火，背着行军锅就同部队一同出发。

在大桥震断的滦河边，又累又饿的指挥员们，下车泅渡过河，步行前进。

衣裤湿透的军人们，头顶烈日大步行进。他们被一层令人窒息的水蒸气包裹着，一路滴落着水珠：先是河水，再是汗水。他们在酷暑的热浪中拼尽全力抢夺着时间。

士兵们疲惫不堪，从上午到晚上，奔跑、泅渡、强行军……他们一刻也不曾喘息。没有吃午饭，也没有吃晚饭，饿得眼冒金星。更令人难以忍受的是干渴，喉口生烟的士兵们，大口大口地喘着气，脸上的汗珠不断地往下流。

天亮，二营赶到唐山的时候，战士们一个个无力坐倒了。炊事班马上在路边架锅，熬出了一锅大米粥，整整一天了，耗尽体力的战士们粒米未进啊！

小伙子们端着茶杯刚站起身子，想喝一碗热粥，可是他们看见粥锅边围了一群饥饿的唐山孩子，这第一锅粥分给了可怜的孩子们喝。而第二锅粥又分给了路边饥饿的唐山老百姓。第三锅还没有熟，战士们突然接到命令，奔向废墟……

刻不容缓！尽管已经竭尽全力，救灾大军的到达毕竟迟了，唐山，已经在剧痛中呻吟了整整一天。

当"7·28"大地震后的一二天内，全国救灾大部队还没有到达的时候，唐山最早钻出废墟的幸存者们，立刻自发地展开紧张的自救和互救工作，震后活着的唐山人中，十之八九是被亲人、同事、邻居从瓦砾中救出的，常常是一个自己挣扎出来的人，决定着几十个人的命运，这几十个人又决定了另外数百人乃至数千人的命运。

4. 天上地下大营救

来自全国各地的二百多个医疗队，一万多名医护人员，在唐山的废墟上迅速撒开。

瓦砾上立即插上了一面面红十字旗和一块块木牌："空军总院在此"、"海军总院在此"、"上海六院在此"……

28日下午，在天津汉沽已出现收容唐山伤员的手术帐篷。当晚，解放军总医院的外科医生也已在唐山机场搭起了三个手术台。

这是唐山震后最早的手术，也是最艰难的手术。大量的清创缝合，大量的截肢，甚至还有开颅……一切都在极其简陋的条件下进行。二五五医院医生王志昌，护送伤员到汉沽时参加了天津医疗队的手术，他说，他永远忘不了那个搭在泥土地上的芦席棚，几乎是踩在血泊中抢救伤员，他的解放鞋被鲜血染红浸透。仅有一双手术手套，做完一个病人，用自来水冲冲，接着再做。而唐山机场连自来水都没有，解放军总医院的护士们，用煮沸了的游泳池水消毒器械。医生们在汽灯下开颅剖腹，没有血浆，一个个伤员就在手术台上死去……外科医生孙玉鹗想起当时站在手术台边几十个小时的情景："那么多生命垂危的伤员，明知抢救无望，也往手术台上抬，有时做两个小时的手术，仅仅就是为了延长伤员一小时的生命。"骨科医生朱盛修一提到唐山，首先想到的是手术帐篷外的那个土坑，土坑里堆满了截肢截下的胳膊、大腿……

北京军区后勤部原卫生部长杨立夫、副部长刘贞，整日在唐山驱车奔走。

唐山大地震造成人员的惨重伤害，不亚于一场严酷的战争所造成的损害。在运往辽宁的18591名伤员中，各类骨折伤占伤员的58%，截瘫占9.1%，软组织损伤占12.9%，挤压综合征占2.1%，其他伤情占17.9%。几乎每五个幸存的唐山人中就有一个重伤员——这是一个十多万人的巨大数字。确切地说，有十六万四千多名重伤员，仅靠来唐山的医疗队做手术，无法完成任务，北京军区后勤部卫生部副部长刘贞找到河北省委书记刘子厚说："伤得向外转送！这样做手术，几个月也做不完！"

刘子厚问："一个公社能收多少人？"

刘贞说："大约二百。"

刘子厚说："把伤员向省内各县转移。"

7月30日，国务院决定把唐山伤员向全国十一个省（市）转运。在此前，仅有五十多名腰椎折断、大腿骨折、严重挤压伤的伤员搭回程飞机转向北京。这距离转运的决定下达后，大批飞机和列车被紧急调往唐山，开始了历史上罕见的全国范围内的伤员大转移。

截至8月25日，共计159列（次）火车、470架（次）飞机，将100263名伤员运往吉林、辽宁、山西、陕西、河南、湖北、安徽、山东、浙江、上海、江苏。

空运伤员的最初一二天内，唐山机场一片忙乱。

震耳欲聋的轰鸣声中，一架架飞机腾空而起。

自7月28日至8月12日的半个月间，唐山机场起落各类飞机2885架次，最多的一天达354架次，平均两分钟起降一次，密度最大的时刻，间隔仅二十六秒，机种繁多，时速各异，又有如此大的起降密度，这对于一个中等规模的军用机场来说，即使在平时都是惊人的，何况是在大震之后——航行调度室被震裂，通讯设备严重受损，加上余震不断，仅7.8级地震后48小时之内，3级以上余震九百余次，其中5级以上强余震十六次，地面情况又是伤病员如此之多，如此之混乱。

军人们被逼上了绝路！机场决定：用搭台车指挥飞机双向起飞，调度员用目测量指挥飞机降落。几个年轻军人，日夜吃住在搭台车上，随时准备引导飞机。天上不时传来引擎的轰鸣，有时十多架飞机同时出现在空中。他们用沙哑的嗓音呼叫着，调整不同机种的通场高度，就像交通警在十字路口指挥着川流不息的车辆。另一些年轻军人，在千米长的跑道上来回奔走，引导已降落的飞机快速到达卸货或载人的位置，他们热汗淋淋，双脚不停，每天跑的路不下百里。正是他们，使数千架次飞机安全起降，飞机和飞机、飞机和车辆之间，连一点儿轻微的碰撞和摩擦都不曾发生。正是他们在危急时刻铺平了一条救死扶伤的道路，铺平了一条向唐山源源不断地输送救灾物资的道路。

地下同在奔忙！

据河北省抗震救灾前线指挥部的资料记载：唐山地震后，军队和地方参加救灾的汽车达两万多辆。这些汽车和飞机、火车一起，不仅抢运了伤员，还把如下大量物资运往灾区（截至1976年年底）：

粮食7611万斤，

饼干点心2644.7吨，

食糖1230吨，

肉 947.1 吨,

蔬菜 1406 吨,

衣服 157.3 万件,

鞋 41 万双,

炊事用具 528.7 万件,

火柴 6110 箱,

肥皂 11652 箱,

洗衣粉 32 吨,

药品 293.7 吨,

苇席 262 万片,

苇箔 154.2 万片,

草袋 255.6 万个,

木材 897.3 万根,

毛竹 101.4 万根,

铅丝 1000 吨,

铁钉 1030 吨,

油毡 86.51 万卷,

石棉瓦 36.45 万片,

塑料布 1043 吨,

……

抗震救灾最初的混乱是不可避免的。

虽然"7·28"上午唐山市委已在一辆破公共汽车上成立了救灾指挥部,"7·28"晚间河北省委和北京军区的"前指"也已在机场组成,但是面对如此巨大的灾难,两鬓斑白的党政领导人和将军们完全没有如此应急的经验。他们在电话机前喊哑了嗓子,在市区大地图前熬红了眼睛,直到30日,他们才有可能在一定范围内实施指挥。有多少难题在等待着他们:

水、电、通信、交通……大地震毁灭一座城市只用了几秒钟，而人们要恢复它的生机，却需要漫长的时间。首先是水，水是生命之源，是恢复唐山的头等大事。

水——30日，北京重型电机厂由油罐车改装的三十辆水车，第一次把清水送进了干渴的唐山废墟，唐山自来水公司大红桥水厂的两个储水池内，当时还有3300吨水，但全城100公里主干供水管道全部震坏。31日，上海急调12000米水龙带，用飞机运到唐山，向人口稠密区送水。

电——28日，北京开出两台发电车，当晚就给设在唐山机场的抗震救灾指挥部供电。29日，玉田—唐山间被震坏的高压线修复。30日，开始向市区水源地、机场和开滦煤矿供电。

通信——地震后，唐山对外通信设备毁坏，对外通信中断。29日深夜，辽宁省邮电系统维修队修复了关外三省经唐山通往天津、北京的电话线。

铁路——8月7日，在人民解放军铁道兵的抢修下，京山线恢复通车……

五、救出超越生命极限的人

根据一般医学文献记载，在完全断水、断食物的情况下，一位女性的生命极限时间是七天。而在唐山废墟中，解放军和救灾的人们在唐山大地震之后的八天、十三天还救出了活人，甚至在大地震之后的十五天，还救出五名男子汉，这是人类救灾史上的奇迹。

八天，"小女孩"王子兰获救。

王子兰，女，地震时23岁，唐山市第一医院护士。从废墟中救出的时间是8月4日，她是由一个叫莫占江和一个叫王凤莲的解放军战士救活的。地震发生后，王子兰和她的工友孙桂敏被砸在唐山市第一医院小儿科治疗室里，完全不知道日子已经过去八天七夜。在废墟中，她摸到一瓶葡萄糖盐水，饿了就喝一小口。喝了这东西，胃里烧火似的不好受。但这瓶葡萄糖盐水使她坚持了八天七夜，被解放军冒着生命危险，钻进电钻打开的口，硬是用手撬开压在王子兰头上的一张大桌面，将她救了出来。

第十三天，一位妇女获救。

芦桂兰，地震时46岁，是唐山市小山街道的一位家庭妇女。

被救出废墟的时间，1976年8月9日，是地震后的第十三天。

据记者钱钢在1976年8月13日，也就是芦桂兰重返地面的第四天，在北京军区某师医疗队的帐篷里见到了她，说她刚刚脱离昏迷状态，按当时的病历记录，芦桂兰入院时大腿骨折，血压甚低，全身呈严重酸中毒反应。可是她在无水无粮的情况下存活了十三天，这本身就是人类生命史上的奇迹。

据芦桂兰讲，她正在商业医院陪床，她的丈夫地震前四天脑溢血住了院。地震那天夜里已经不行了。医生说她丈夫血压没有了，她还没赶上说句话，地震就发生了。芦桂兰说，她是躲在丈夫的床下，才没被砸死。刚埋进去那会儿，躁得很，胸口上压着一大摞瓷砖，压得她透不过气来，她就一块块搬，能透气了，但人还是站不起来。她是缩着身子被掴在里面的。她喊救命，就不见有人来。头顶上轰隆隆响，大镐大锹哗哗地扒土，也能听见人声，她就喊："我是人，不是鬼！我丈夫姓杨，是澡堂的工人！"上面的人根本听不见。芦桂兰说，没有力气喊了，觉得渴，她躺着，不敢睁眼也不敢张嘴，第二回又震了，她觉得到处都是砖头、石头锁着门，出不去，渴得受不了，只好喝尿。第一回喝尿，是在第二次地震那会儿，实在受不住哇，咋喝？衣服撕碎蘸着喝呗。第二回喝尿，差不多又过了好几天。第二回尿更少，是苦的……实在饿极了，就抓土往肚里咽，一把一把地吞哪！……已经喝过两天尿了，尿也没有了。有一阵子，觉得冻得难受……冻极了，从心里往外发抖，她就拼命地活动身子，人坐不起，就窝在那儿乱扑腾……后来，拽出一条毛毯……裹在身上……那些日子，迷瞪着，醒着；醒着，迷瞪着。

1976 年 8 月 9 日下午 7 时 20 分，商业医院废墟旁，大吊车将一块重两吨的楼板吊开后，奇迹出现了。此时两名战士将压在芦桂兰眼皮下的泥土拨开，她刚一睁眼，说的第一句话是："解放军万岁……"奇迹，在完全无水无食物的情况下，度过了十三天的芦桂兰，神智依然清醒健全。此时的唐山，已充满各类记者和电视电影摄影师，一圈圈的人从废墟的各个视点，目睹了芦桂兰获救的实况。

第十五天，最后的五位男子汉获救。

1976 年 8 月 11 日，地震后的第十五天，唐山开滦赵各庄煤矿的五位矿工被救出，他们是：

陈树海，地震时 55 岁，赵各庄矿现场班长。

毛东俭，地震时 44 岁，采掘组副组长。

王树礼，地震时 27 岁，采掘组组长。

王文友，地震时 20 岁，新工人。

李宝兴，地震时 17 岁，新工人。

以上五位矿工，在唐山地震前，正在距地面一千米深的靠近十道巷的零五九七碛掘进。那天，陈树海是当班班长，他刚检查完这个作业班，嘱咐了声"要注意安全"就地震了。他们正在刨煤，听到轰轰的响，抖得厉害，人都动弹不了。九道巷那儿的煤面子干，一片尘土看不见人。篮球那么粗的立柱折断了。跑煤的眼儿也都堵死了，巷道里电没了，喷尘水龙头也断水了。他们五个人没法出去。他们用矿工帽一帽一帽地掏堵着通往运输巷的煤，整整一天掏开"立槽"，下午 6 点 40 分的余震又将"立槽"堵住。此时，更令人害怕的是，五盏灯灭了三盏，出不去了，出不去了，小王、小李呜呜地哭，毛东俭在叹气，王树礼说：老陈，咋办？咱皮都没破，死了多冤……累、渴、害怕、非常绝望。陈树海说话了：咱们不能等死。往上去，只有一条路，第一个目标就是那个废运输巷———中巷。

我们听老陈的，大难临头了，得有个主心骨，老陈有经验，他是活地图，得听老陈指挥。轮着老毛和王树礼上，用大锹"攉煤"，打通向上的"立槽"。

老毛和王树礼终于打通了往上的路，从前一天一直干到 29 日下午 3 点多，整整 19 个钟头。已经 36 个小时滴水未沾，渴极了。他们喝自己的尿。用手捧着喝。小李、小王都吐了。此时，又发生了一件怕人的事：两盏破灯，有一盏已经发红，只剩下蜡烛头似的光。用王树礼那盏照着，他们来到"鬼门关"前，那也被矸石堵得严严实实，出去的希望又破灭了。王树礼继续撬矸石，矸石真硬，扒开一道缝，人硬往里钻，肚皮蹭破了，满手的血，他拼命撬开一块块矸石，简直是一寸一寸朝前挪。正干着，他那盏灯也发红发暗了，后来终于灭了！漆黑一片，"老陈，灯死了！"王树礼绝望地喊，没有灯，就像人没有眼睛，没眼睛，人怎么能活着出去呢。灯将灭时，李宝兴看了一眼表：4 点 30 分，这是 7 月 30 日早上的 4 点 30 分，这以后，漆黑的巷道再也没有看清表，时间都靠估摸了。王树礼流泪了，小李、小王更是号啕大哭，毛东俭也哭了，他说，我这一大家子，都指望着我呢，一大群孩子，咋活？最小的才一岁多……我死在这里，老婆恐怕连我的整尸首都见不着了。

陈树海说话了：得上去，只有活着上去，才能让领导放心，让家属放心。

于是他们决心继续往里掏。大约在 8 月 2 日或 3 日，他们终于爬出了鬼门关。拉着水管电缆，通过煤眼儿上到九道巷。走着走着，突然踩到了水，大伙高兴得一起伏下身子喝这些轨道中的"道心水"。然后继续往前摸，摸到工具房，那儿有电话，摇电话机，却没有声儿。他们意识到出大事了，要不，电话总机不会断，九道巷连一个人也没有。他们坐在工具房里等着，等了很久，真是叫天天不应，叫地地不灵。主心骨老陈说，还得往外走，走哪算哪儿，顺着铁道，由王树礼打头。后来，谁也没有力气再走了，就地坐着，安静的巷道里，只听见水声好似牛吼。听那声响，水已漫到十道巷了。不能再等，得赶到水的前头，得走。

他们又开始艰难的攀登，垂直三百米啊，从斜马路上去，一步一个台阶，有八百米。他们耗尽了体力，除了道心水，什么吃的都没有，这八百米，简直要他们的命。饿、累、乏……

这八百米，走了总有四五天……从九道巷向八道巷。每登一个台阶，都要使出极大的力气。他们找到一根棍子，每个人都死死地抓住，一路走，一路不停在吆喝：小李、小王抓住呀！

才走了三四十个台阶，就迷了路。那里是一个平台，转来转去，找不到向上的台阶，费了不知多少周折，才找到向上的台阶。再往上，每走三四十个台阶，就遇到一个平台，于是又是一阵摸索。当时他们五人都像患了重感冒似的，头特别沉，胃在乱搅和，肚子瘪了，肠子咕咕地叫，心跳得好急，浑身出虚汗……这八百米啊，难走啊，走了总有四五天吧，经过八百米"马路"的攀登，五个人一点儿劲儿也没有了，他们摸到载人运输车，五人进入三个车厢躺下了……这里大概是 8 月 6 日或 7 日。

他们在这儿躺了大约两天或三天，实在走不动了，反正是一死，等着吧，大约是 8 月 9 日，这五位遇难矿工正议论出去能活着，首先吃什么时，发现远处有灯光，他们都喊了起来："来人哪，我们是采五的！"

灯光突然不见了。当他们追上去时，早没人影了，后来听说，9 号，矿上为恢复生产，派人下来，一个青年工人到八道巷，听见人声，他当是鬼，吓跑了。希望又没有了。

8 月 9—11 日，是这五位矿工获救的最后三天。十几天没吃没喝，身上的热量消耗极大，所以他们感到冷，极冷，简直要冻僵了。五个人挤进一个车厢，除一人在门口放哨，继续等待灯光，其余四人紧紧地抱在一起，互相取暖，互相安慰。互相抱在一起，不敢睡啊，睡着的话，就可能冷死过去。8 月 11 日，中午 12 点整（这个时刻是他们五人后来知道的），来人了！一串灯光直冲他们去了，打头的是技术科的罗履常。这五位可怜的矿工，看见了救星，一起扑上去，一起哭着扑上去，可那时他们哭不出声，也喊不出声，有气无声啊！老罗用矿灯一照，说："这不是采五的人么！"他问："你们知道今儿是几号了吗？""哪能知道啊？""8月11日啦，半个月啦，早琢磨你们死了，没想到你们还活着。"

是啊，人类生命的极限，在无食无水情况下，七天就不能活下去。这五位矿工，用坚强的毅力、顽强的斗志、团结协作的精神，一次次战胜死神，终于能在大地震之后的第十五天，还能活着出矿，实在是人间奇迹！

六、唐山宾馆大营救

1976年7月28日，唐山宾馆共住着51名外国人。

唐山宾馆在"7·28"凌晨被大地震震碎了。

日本人所在的四号楼整个垮了下来。

法国人、丹麦人居住的新楼被震出无数裂缝，架子虽未倒，楼内却险象横生：楼板塌落、门窗变形、楼梯断裂……

唐山外事办公室主任赵凤鸣和科长李宝昌回忆说，他们当时被困在新楼二楼一间已无法打开的小屋里。唯一可行的通道是窗。

"跳楼吧！"

"跳！"

窗玻璃"砰"地砸碎了。赵凤鸣和李宝昌从窗户跳下去，落到楼前的草坪上。赵凤鸣摔折了脚骨，他让李宝昌背着，马上找翻译和警卫人员——紧急救援当时住在唐山宾馆的51位外宾！

当时黑暗中已闹嚷嚷地传来异国语言的呻吟声、呼救声。

翻译张广瑞反复地大声用英语喊道："先生们，女士们！请镇静，现在发生了强烈地震，我们得尽一切力量抢救你们，保证你们的生命安全，你们一定不要跳楼，不要跳楼！请把窗帘、褥单接起来，从窗口往下滑……"

顿时，那些变了形的窗户外，挂出了一条条奇特的"保险索"，有一部分人已按翻译的指点，谨慎地开始往下滑。他们的脚刚刚落地，外事工作者就立刻招呼他们："快跑！离大楼远点儿！"

这时，李宝昌正带着人闯进大楼。他们攀上断裂的楼梯，踩着摇摇欲坠的楼板，撞开一扇扇错位的房门，寻找着被砸伤的或无法自救的外宾。

几位丹麦老人惊恐地缩在墙角，不停地在胸口画着十字，见到李宝昌，像在狂涛骇浪的大海中看见了救生圈，立刻抱住了李宝昌。光着脚板的李宝昌，首先扶起老人，踩着尖利的碎玻璃，跨过废铁筋，小心翼翼地将她背出危楼。

那边，四号外宾楼随时可能倾塌，正在发生紧急呼救。

不惜一切，抢救外宾！这种意念竟然牵动了无数刚刚离开死亡、刚刚从废墟中钻出来的唐山普通老百姓的责任心。他们纷纷跑向外宾所住的危楼，钻进各个角落寻找、呼叫。

李宝昌一直到了四号危楼。他们在岌岌可危的墙壁上架起了一个梯子。二楼——实际上是塌落下来的四楼，断壁下躺着血淋淋的日本人片冈。唐山市警卫处的李永昌和地区公安局的同志一起攀登上去。片冈脸色青紫，一块楼板重重地砸在他的骨盆上，无法往下抬。抢救者将他用毯子裹起，两头各拴一条床单，慢慢地，通过斜靠墙壁的梯子往下"顺"，上边放，下边接。

片冈在剧疼中惨叫。

李宝昌大喊："先别管他疼！救命要紧！"

又一个异国人逃出了死神的巨掌。

一个小时之后，宾馆内抢救的高潮暂告平息。中国人将这些外宾临时安置在宾馆废墟前的小广场上席地而坐，外宾们披着花窗帘，头上四个人顶着一床棉被，遮挡着雨，围着一堆用蘸煤油的碎木片燃成的小小"篝火"……

冷、渴、饥饿。除此之外，还有在不同肤色、不同信仰的人中体现出的友谊与忘我的精神。中国的抢救者，从宾馆的果树上摘下又小又青的苹果，让外宾们吃。并说：权当早餐吧！抱歉的是没有水，没有刀削。外宾们说：不，不用了，现在还讲究什么？都是受灾的人。他们用床单擦一擦"青果"，就往嘴里填。

一位丹麦女医生为受伤的中国翻译擦洗伤口；另一位丹麦朋友伏在地下，为刚刚抬来的中国伤员铺展床单，风雨中，身体虚弱的日本人和法国人背靠背坐着，相互支撑，更多的人在关照着正在呻吟的日本重伤员。

还有三个日本人没有找到。

李宝昌又一次带人钻进废墟，寻找日本人，他突然发现一群法国人和丹麦人也自动地跟在他的身后，领头的竟是法国访华团60岁的团长蒙热。李宝昌劝他们回去休息。外宾们说："我们也要去找日本人。"

"你们，快回去！"李宝昌说。

可是外宾们已经奔上了废墟。

李宝昌通过翻译喊叫："你们别参加！别参加！你们幸存下来就是我们最大的安慰，我们不能让你们再被砸伤！"

几个年轻的外国人挣脱开拽住他们的手，已经跑到中国人的前面。

就这样，在一片黑魆魆的废墟上，白种人、黄种人自动地组成了一个救死扶伤的集体，由李宝昌指挥，共同寻找三位日本人的踪影，人们最后发现：日本专家田所良一、武腾博贞已经遇难。须永芳幸身负重伤，在送到唐山机场后死亡。还发现法中友协第六访华团的二十三人中有一人也遇难。

7月28日下午，中国外交部决定派一架专机到唐山接运外国人。

两辆汽车从唐山宾馆的废墟风驰电掣般驶向机场。

像任何汽车在7月28日那天会遇到的情形一样，他们在路上被成群的伤员截住了。司机面前是老人、孩子、重伤员……无数双求救的眼睛。

"这是外宾，"司机嘴发涩，心发颤，"这里有受重伤的外宾，让我走吧……"

当他们听到"外宾"两个字时，那一片呼救声、叫骂声立刻停止了，这就是我们善良而真挚的中国人民。中华民族历来把礼义看得高于一切、重于一切，世世代代继承了这种民族的优良品格。

他们默默地退让开去。尽管那些被木棍支撑着的伤腿所挪动的每一步都痛得钻心，那些躺在板车内的被推开去的伤员的每一声呻吟都揪着亲人的心，他们还是让开了路。

这几十名外宾在机场同样受到了当时最高的礼遇，在饥饿的 7 月 28 日，他们得到了空军警卫连送来的一人一小杯宝贵的米汤和一个又厚又硬的油饼。最后，他们穿着空军战士捐献的绿军装、蓝裤子和"老头布鞋"，登上了飞机。

那一刻，他们都哭了，他们拉着中国朋友沾满血迹的手，一遍遍地问：

"你们自己家人还不知怎么样？"

"开滦矿工不知怎么样？"

"谢谢你们，中国朋友！"

他们带着依依惜别的心情离开唐山，转道回国。

七、震惊世界的死伤人数

1976 年 7 月 28 日唐山大地震，顷刻间一座百万人口的大城市夷为平地，成为一片废墟，多少人埋进废墟而死而伤呢？表面上看去，惨不忍睹，到处是尸体，到处是断臂残肢的伤员，到处是呻吟、号叫，到处在呼唤求救……从地震开始的 1976 年 7 月 28 日，至 1986 年 7 月的十年间，唐山因大地震死伤人数一直是一个谜。官方一直不予公布。人们估计共有几十万吧。估计总归是估计，是很模糊的一个概念。这几十万死伤者，到底死者多少？伤者多少？还是一个迷。后来笔者看到中国地震出版社出版的《地球的震撼》一书，向全人类公布了唐山大地震的确切的死伤人数：

死亡：二十四万二千七百六十九人。

重伤：十六万四千八百五十一人。

一次大地震，死伤四十万七千六百二十人！有人说，这是迄今为止四百多年世界地震史上最悲惨的一页。笔者认为，不仅是四百年来地震造成死伤人数最多的、最惨的一页，恐怕人类有文字记载以来的地震史上，从未有过一次地震死伤这么多人的记录！

1923年9月1日，日本东京8.2级大地震的情景是十分恐怖的，强烈地震引起的次生灾害——大火，几乎焚毁了半个东京，死亡人数为十万人。

1960年5月22日，南美洲的智利8.5级大地震，引起了横扫太平洋的海啸，巨浪直驱日本，将日本海的大渔船掀上陆地的房顶，这次地震的死亡总数近七千人。

1964年3月28日，美国西部的阿拉斯加8.4级大地震，冰崩、山崩、海啸、泥喷，也是十分可怕，但造成死亡的人数仅有一百七十八人。

我们列举这些数字，它意味着唐山大地震的死亡人数，是举世震惊的东京大地震的2.4倍，智利大地震的3.5倍，美国阿拉斯加大地震的一千三百多倍！

中国是五千年文明史的古国，有文字记载的地震史料已达两千多年，总字数达647余万字，是世界上记载地震最早的国家，也是全世界现存地震史料最丰富的国家。其中，有文字记载地震死亡人数最多的是以下几次：

1654年7月21日（清顺治十一年六月初八日）陕甘大地震，"压死兵民三万一千余人"。（《清世祖实录》卷八四，第4页，转引自《中国历史地震资料汇编》第三卷（上），第55页，科学出版社1987年版）

1730 年 9 月 30 日（清雍正八年八月十九日）北京大地震，"压死人口十万有余"。（樊国梁著：《燕京开教略》中篇，第 67 页，清光绪年印本）（而清宫廷只承认压死 457 名，可能不敢公布真实死亡数字，害怕引起社会不安。）

可见，唐山大地震死亡人数，是清顺治十一年陕甘大地震的 8 倍，是清雍正八年北京大地震的 2.4 倍。这足以说明，唐山"7·28"大地震造成的破坏和死亡人数，不仅是现代中国之最，也是现代世界之最；不仅是中国历史之最，也是世界历史之最！

八、1976 年 7 月 28 日唐山大地震对北京及郊区县的破坏

唐山大地震对北京的影响很大，整个北京摇摇晃晃多次，倒塌很多平房、楼房、厂房，公路、桥梁遭到破坏。人人自危，户户住在大街两侧自搭自建的塑料抗震棚，一个月有余不敢进屋居住。现将北京及郊区县破坏情况分述如下：

北京市：据八个区统计共倒平房 462 间，严重破坏 39942 间；楼房严重破坏 366 幢，中等和轻微破坏 3100 余幢；厂房严重破坏 43 幢，中等和轻微破坏 940 幢；烟囱破坏 286 个。

密云：房屋倒塌和严重破坏 853 间。东智、牌界、张家店受灾较重。密云水库白河主坝还水面护坡滑移，长 900 米，滑坡土石方约 30 万立方米。

大兴：全县倒塌房屋 3541 间，破坏 4543 间。采育镇受灾最重，房屋倒塌 28%，破坏 30%，其余损坏。凤河河漫滩上裂缝，长 1000 米，通过采育镇中心，将公社礼堂水泥地面错开，南盘相对下沉 31 厘米。

房山：全县房屋倒塌、破坏 4930 间，损坏 16672 间。岳各庄公社五侯、东南张、西南张大队，长沟公社长沟大队等受灾较重。县东南部平原区较西北部山区受灾重。

昌平：房屋倒塌 5806 间，严重破坏 3420 间。东南部受灾较重，北七公社鲁町大队全队 790 间房，倒塌二百余间，损坏约五百余间。村东温榆河堤裂缝和滑坡，拦河闸严重破坏。

延庆：全县房屋倒塌约 668 间，损坏 983 间。受灾的公社有永宁、西二道河、下屯、高庙屯。

怀柔：全县破坏房屋 1387 间。杨宋各庄公社灾情较重，破坏房屋约 8%，并有喷水冒沙。

顺义：全县房屋倒塌 986 间，破坏 14159 间。沿河、李桥、李遂公社灾情较重，城西公路裂缝，海拱桥损坏，城东潮白河大桥东公路裂缝，长 1400 米，宽 1.25 米，可见深度 2 米，沿裂缝喷水冒沙。

平谷：全县倒塌和破坏房屋 7508 间。门楼庄、马坊公社等地受灾较重。门楼庄公社高庄大队倒塌房屋 30 间，破坏七百余间，约占总数的 60%。门楼庄、马坊等公社地裂缝，喷水冒沙。山集公社将军关大队陡峭山坡上风化岩块多处崩落。

通县：房屋倒塌四千一百余间，损坏四千三百余间。全县损坏桥、闸、涵等 64 座，破坏机井 725 眼。西集、郎府、觅子店、马头、永乐店等公社受灾较重。西集至郎府一带农村中有 50%—90% 的平房严重破坏，王庄、耿楼有房屋下陷 1 米者。后河站村南运河大堤裂缝宽 50 厘米，长 1 公里。西集、耿楼、王庄一带大面积喷水冒沙（面积达 50—60 平方公里），淤塞河道，毁坏水井。"（转引自王越主编：《北京历史地震资料汇编》，第 175—176 页，专利文献出版社 1998 年版）

九、笔者目睹唐山大地震对北京的破坏与影响

1976 年 7 月 28 日凌晨 3 时多儿子要尿尿，我正把着儿子往小尿盆撒尿。突然房子摇晃起来，床也摇晃不止，孩子没法撒尿。我意识到是地

震，立刻抱着孩子往屋外跑，连衣服也顾不得穿，我和孩子仅穿小裤衩就跑出去了。同时喊我老伴："地震了，快起来往屋外跑！"没一二分钟，本院的男女老少都跑出来了，有的只穿着睡衣，有的只穿小裤衩，大多数人光着脚丫子，都惊惶地站在院子里。这时，我看到我们的房子还在摆晃，屋后的三四十米高的烟囱也在摇晃，摆度很大，邻楼都在摇摆，窗户因震动太大而掉到地面，玻璃摔碎的声音"咔嚓！咔嚓！"不停地响。

当天上午，全院家家户户在各自房前搭起了抗震棚。那些抗震棚极其简陋，也极其简单，用几根木棍或竹竿，把塑料布支撑起来，人们待在棚子里，不敢回原来自家的砖木结构的平房去住了。同时，整个北京城的居民，都在自家平房的院内，或在附近较宽的大街两侧搭起抗震棚。几乎北京所有的街道两侧都搭建成较整齐有序的抗震棚。北京成了抗震棚的"海洋"。抗震棚的棚顶和周围用各种颜色的塑料布遮挡，有白的，有黑的，有红的，有黄的，有蓝的，还有粉的，真是"五彩缤纷"，北京从未出现的"奇景"。但从市民的脸上，并不"欣赏"这种景色，人人脸上写着紧张、恐惧、忙碌、发愁，同时亦焕发着抗争、抗震、奋斗和期盼，期盼着灾难很快过去，安宁、幸福的生活早日到来。

我关心着，也担心着象征新中国首都北京形象的天安门及其城楼的安危，惦念着为中国人民的解放而英勇奋斗、前仆后继牺牲的无数革命烈士而建的人民英雄纪念碑的安危。地震的当天下午，独自一人骑自行车穿过北京的大街小巷，来到天安门广场，看到天安门及城楼安然无恙，看到人民英雄纪念碑仍然挺立在天安门广场，我心中的一块石头落地了，我感到很欣慰。同时我感觉到人民英雄纪念碑的傲立，标志着无数革命先烈还为北京、为新中国、为中国人民安宁作贡献。她代表着中华民族在大敌当前英勇搏斗，大震、大灾、大难面前不低头、不弯腰的顽强的奋斗精神。

在天安门广场逛了许久，周围的建筑环视了一遍又一遍，后来发现人民大会堂的顶部东南角掉了一块，这当然是唐山大地震带来的破坏啊！

8月2日，我带着儿子回陕北探亲，乘火车到山西介休火车站，碰见一列火车也停在介休站进行修整，满载着一千多名唐山大地震重伤病员去西安接受治疗，这就是唐山"十万零二百六十三名伤员运往吉林、辽宁、山西、陕西、河南、湖北、安徽、山东、浙江、上海、江苏"去接受救治的一部分！我亲眼目睹了唐山重伤员：有的头裹白纱布，鲜血将白纱布染成红的；有的脚腿稍稍包缠，疼痛难忍，不断呻吟；有的拄着拐杖、痛苦万状；绝大多数躺在列车的地板上不断呻吟！我看到这种悲惨情景，心如刀绞，我不由得双眼泪流满面……我只能盼望他们早日康复！同时，萌生了研究地震，尤其研究、关注首都北京的地震以及防震的念头。

*1976*年7月28日
河北滦县地震

　　1976年7月28日18时45分37秒起，河北滦县发生强烈地震，这是继7月28日凌晨3时许唐山大地震之后，又一次强烈地震，距唐山大地震仅间隔十几个小时。唐山大地震为7.8级，整个一座百万人口的大城市震为平地，滦县又距唐山仅50公里，这次滦县地震为7.1级，也属破坏性极强的地震。由于7.8级地震和7.1级地震两次破坏的叠加，极震区内房屋都遭到极其严重的破坏。

　　据《中国地震历史资料汇编》载，滦县地震震中的具体位置是：北纬39.83°，东经118.65°；震源深度为10公里。（《中国地震历史资料汇编》第五卷，第472页，科学出版社1983年版）

　　极震区在滦县安各庄乡的西崖各庄、李各庄、三山院一带，烈度为9度（Ⅳ度）。等震线呈椭圆形，长轴约20公里，短轴15公里，面积约300平方公里，其范围包括迁安县的大扬官营、野鸡坨、滦县的樊各庄、商家林、安各庄、马庄子、泡石淀、高坎乡等地。西崖各庄全村270户，7.8级唐山地震震倒5—6间厢房，此次滦县7.1级地震后，房子几乎全部倒塌。在三山院附近，此次地震房屋基本倒平。

滦县北的迁安滦河大桥，7.8级唐山地震后，仍可通行，但7.1级滦县地震后，桥墩被震坏，桥梁毁坏落入河中。桥南部的基岩山坡上岩体崩塌，直径一米的滚石堆积在公路上。滦县城东的滦河大桥，7.8级滦县地震后，该大桥35孔有24孔落架，无法通行。

震区出现大量地裂缝，主裂缝带南起王庄，经三山院至铁局塞南止，长约6公里，呈南北走向并向西凸出的弧形雁裂带，弧形裂缝带南段为北北西走向，北段为北北东走向，三山院附近是弧形裂缝带的转弯处。在裂缝带南延的佘庄附近，北北西向的左旋裂缝扭断柏油路10—25厘米。北部的北北东向雁裂带呈右旋扭动。三山院至李各庄之西的主裂缝带附近，出现巨大喷水冒沙孔，水深2米，沙体高1米，喷沙淹没农田3亩。

8度区（Ⅷ度区）内，只有在和7.8级唐山地震的7度区（Ⅶ度区）重叠的部位，人们才明显地觉察到滦县7.1级地震比唐山地震晃动得强烈，房屋倒塌情况亦比唐山地震严重。7.1级地震后，滦县城西小西门洞塌落，西门内古塔之塔尖震掉。城内的Ⅱ类房大部分倒塌，Ⅲ类房大部分受破坏，院墙基本全部倒塌或受破坏。

7度区（Ⅶ度区）南半部由于和7.8级唐山地震的8度区（Ⅷ度区）相重叠，所以不容易区别，故从略。

（参阅唐山7.8级地震图）

*1976*年11月15日
天津宁河地震

　　1976 年 11 月 15 日 21 时 53 分 2 秒，天津宁河县发生地震。地震发生时，电灯和墙壁上挂的物件摇摆不定，室内家具器物互相碰撞作响，墙倒、屋塌、桥梁断裂，地面裂缝冒水涌沙，烟囱断裂或倒塌，工厂车间墙体开裂。据此震情，地震专家认为此次地震震极为 6.9 级，震中烈度在 8 度以上，具体震中位置是北纬 39.4°，东经 117.38°，震源深度 17 公里（见下图）。（《中国地震历史资料汇编》第五卷，科学出版社 1983 年版，第 494 页）以下按极震区、Ⅶ度区、Ⅵ度区、Ⅴ度区，分述受灾情况。

　　极震区：烈度 ≥ Ⅷ度。其范围是宁河县潘庄、俵口、任凤、宁河县城（芦台），汉沽区杨家泊、蔡家堡、茶淀、汉沽、清河农场、大田等。东西长约 35 公里，南北宽 10—25 公里。本区芦台周围地区，在唐山 7.8 级地震时，属 9 度（Ⅸ度）烈度区，房屋倒塌、破坏相当严重。这次宁河地震 6.9 级，使 7.8 级唐山地震虽遭破坏而未倒塌的土坯房、低级施工的砖房，再度遭到震撼而倒塌。正在施工的或刚建成的单层社办厂房、民房也遭到破坏。多层的坚固房屋也有损坏，如西部潘庄乡房屋损坏共 630 间，其中倒塌 150 间，俵乡破坏房屋 300 间左右，其中新盖的有 67 间，东部大田乡倒塌 100 多间老房。该乡刚盖好的纺纱车间倒塌 2 间。清河农场破坏、倒塌房屋 94 间，围墙 312 米，砖水塔 2 个，砖坯 163 垛。汉沽被服厂倒塌 7 间。汉沽天津化工厂高层车间圈梁开裂。芦台附近的宁河县第一化肥厂新建的三层造气车间三楼墙体开裂，裂缝宽 1—2 厘米。

东起宁河县城附近，西至潘庄附近，10 座砖窑烟囱都遭到破坏，有的烟囱掉头，有的水平错位或裂缝。

区内铁路遭到破坏。京山线芦台站至汉沽站之间约 3 公里路轨，有 10 处钢轨接头被拉断，轨缝距拉大 90—150 毫米。汉沽天津化工厂专用铁路的钢轨变形，路基上拱或沉陷，石碴坍塌若干处，公路路面普遍产生裂缝和鼓包。芦台至汉沽公路（沥清路面）上的裂缝宽 4—5 厘米，杨家泊附近公路上的鼓包最高达 20 厘米，长达 100 厘米。

桥梁遭到破坏。潘庄附近跨越潮白河的老安甸大桥，该大桥长 891 米，宽 6.7 米，西端五架桥孔的桥面板向下游南移 20—40 厘米，上下错动 10—20 厘米。墩台与梁柱间的辊轴支座有二处掉落。跨越蓟运河的汉沽大桥，长 176 米，宽 9 米，桥头路堤升高 15 厘米，并西移覆盖桥面 10—20 厘米。桥面伸缩缝有二处断开，上下错位。蓟运河上两座铁路桥的支座均西倾 30 毫米左右。

汉沽区内地下自来水管道二十多处受地震而破裂。汉沽变电所的 120 吨落地变压器移位 5—10 厘米，汉沽天津化工厂变电站的 13 台 40 吨落地变压器倒落 4 台，变压器移位 10—20 厘米。

农田、洼地以及公路两侧路基普遍喷水、冒沙。

7 度区： 东至唐山市，西到天津市，北达宝坻林亭口，南抵塘沽，东西长约 100 公里，南北宽约 60 公里。

区内Ⅰ类房屋（夯土房，或土坯房）和Ⅱ类房屋（低级施工的砖瓦房）及烟囱遭到损坏，少数破坏。如唐山市残存的老房裂缝，少数简易防震房开裂，有的倒塌。唐山市委大院砖烟囱遭破坏，部分倒塌。天津市第二毛纺厂中南楼三层东间，唐山7.8级地震震损，震后未来得及维修加固，属于危房，这次宁河地震又使它遭破坏而倒塌。

农田、洼地和道路上有喷水、涌沙现象，还有地裂缝现象。

6度区：其范围包括从东起秦皇岛，北达青龙、兴隆，西经北京、肃宁，南至河间、沧州、黄骅一线。东西长约360公里，南北宽约200公里。

该区内Ⅰ、Ⅱ类房屋少数损坏，个别倒塌。西南部地区如霸县、青县、河间、沧州等地房屋受损破坏为老房裂缝，女儿墙、砖门楼倒塌，房檐、山墙角掉落。部分牲口棚、砖垛倒塌。东北部地区如昌黎、迁西、玉

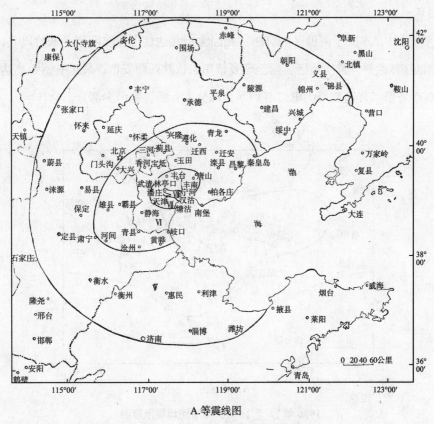

A.等震线图

1976年11月15日天津宁河地震示意图

摘自《中国地震历史资料汇编》第五卷，第760页，科学出版社1983年版。

田、柏各庄等地坯砖房裂缝，少数老房、牲口棚倒塌。

部分地区有少许喷水、冒沙现象。

5度区：其范围包括东北至辽宁营口，北至内蒙古的赤峰、多伦，西至张家口、蔚县、石家庄，南达济南、潍坊和掖县。

该区内震感明显而强烈。东北辽宁沿海的绥中、兴城、锦县一带，有个别的农家土坯砌筑的院墙、烟囱破坏或倒塌。北部的辽宁、河北、内蒙古地区普遍强烈有感，许多人惊慌地从屋内逃到室外。内蒙古多伦极个别房屋出现裂缝。南部的山东德州、惠民、利津、济南、潍坊等地，灯泡和悬挂物的摆动明显，睡觉人被摇醒，房屋震感明显，但无损坏。

另外，本次宁河地区的有感区相当大：北达辽宁省沈阳市、铁岭以北，南抵江苏徐州、睢宁地区，西至宁夏银川市、陕西西安市，最远有感距离达1000公里。普遍震感为电灯有摆动，部分人有感，室内少部分器物作响。

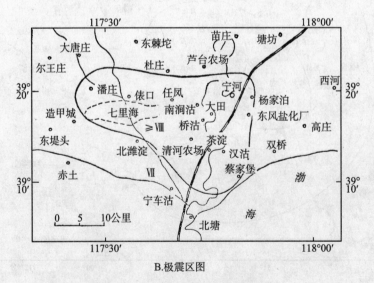

B.极震区图

1976年11月15日天津宁河地震示意图

摘自《中国地震历史资料汇编》第五卷，第761页，科学出版社1983年版。

跋

  北京从元代起作为统一中国的首都，至今已有 740 多年了，作为历史悠久的文化名城当之无愧。北京是中国的首都，是我国的政治中心和文化中心，也是祖国的交通中心。

  北京又是发展中的现代化大城市，在国际交往中日益发挥着更大的作用，引起全世界越来越广泛的关注。特别是近几年来，北京乃至整个中国经济的蓬勃发展，经济实力跃居世界第二，国际地位飞速提高，更加引起全世界的刮目相看。

  但是，我们在研究北京史的过程中，发现北京历史上发生过无数次大大小小地震，地震史料十分丰富，大地震给北京及周边地区人民群众的生命财产造成十分惨重的损失。基于对首都北京地位之重要和安全的担心、关注，地震灾害如此频繁和严重，三十年前就收集北京地区地震资料和对北京及周边地区地震的研究。从 1981 年年初开始，至 1986 年 6 月，本人从早到晚泡至北京图书馆、首都图书馆、科学院图书馆和北京社会科学院图书馆，从《明实录》、《清实录》、地方史志、二十四史、故宫档案中查阅、摘抄地震资料，仅北京地区地震史料达六十多万字。经过仔细梳理、去伪存真、科学编排，最后形成 27.8 万字，定名为《北京地区地震史料》，

1987 年 7 月由紫禁城出版社正式出版。该书出版后，北京大学明史专家、著名教授许大龄先生评价说："《北京地区地震史料》是目前北京地区最完备、最系统、最翔实的地震资料，而且编排科学，还可以当工具书使用。"

《北京及周边地区历史地震研究》在《北京地区地震史料》一书的史料中进行再深入的研究，从无数次大大小小的北京地震中筛选出几十次破坏性大地震，证明北京及周边地区是地震多发区，历史上有许多地震断裂带。本人多年的研究和统计，从西汉成帝绥和二年九月（公元前 7 年 10 月）地震到 1976 年 7 月 28 日唐山大地震，等于或大于 $4\frac{3}{4}$ 级的大地震达 74 次之多，从历史上到现实生活中，给北京及周边地区带来多次巨大灾难，倒塌房屋无数，压死百姓数以万计，甚至几十万计。唐山大地震，上百万人口的大城市，顷刻间夷为一片瓦砾，至今人们想起唐山大地震仍然不寒而栗。下面就本书的研究方法、学术创新和学术价值总结如下：

关于研究方法。首先，本人从地震史料入手。几十年的研究工作，一直特别重视史料。史料如盖楼房必备的砖瓦木料、钢筋、水泥，异常重要。尤其历史地震，几乎完全要史料说话，用大量地震史料证明它有地震或无地震；有地震，是大地震、中等地震，还是小地震；判定它是几级地震，更要破坏性史料说明。对每一次大地震的史料，进行再校对、再核实、再补充，甚至重新找《明实录》、《清实录》、地方志、故宫档案、二十四史原著进行校正，使所用史料扎实可靠，并注明所出典籍的作者、朝代、书名、版本、卷页，以备今人和后人复查。

其次，对每一次大地震进行全面的深入的分析、研究，在穷尽这次地震的所有资料后，对每次大地震的前兆、震中、震级、烈度、余震进行研究，对地震破坏情况和破坏范围进行梳理，对地震造成的损失进行评估，直接或间接找出防震、抗震的原始措施，以供后人学习，以保自身的安全。

第三，关于每次大地震的震级和烈度的判定，也是根据大量的地震史料、破坏程度、破坏范围为依据，再根据地震权威专家谢毓寿制定的《新地震烈度表》和李善邦的"补充规定"，经过慎重的分析、比对，使每次地震的震级、烈度准确无误，有据可查。

关于学术创新方面，纠正了过去一些历史学者和历史地理学者对某次地震发生地点的错误描述。如1057年北京大地震，对震中位置和震中烈度，学术界有不同的看法，有人认为此次地震发生在"河北省固安县"，有人认为发生在"河北省容城以北、霸县至定兴一带"。据1971年科学出版社出版的李善邦主编的《中国地震目录》载：这次地震的"震中位置在河北固安"。这就是人们所称的"1057年河北固安地震"。首先本人对《固安县志》进行了一番通查。所有的固安县志均没有关于宋嘉祐二年（1057）地震的记载，如果这次地震震中在固安，固安县志不应当漏记。其次，从固安的历史地理沿革看，它属涿州管辖。据《辽史·地理志》载，南京析津府统州六：顺州、檀州、涿州、易州、蓟州、景州。涿州统县四：固安县、范阳县、新城县、归义县。《河北通志》沿革表载："固安在唐中叶以后改属涿州，其以前是幽州所属，至宋辽时也是涿州属。"如果1057年地震发生在固安，距固安很近的宋代雄州官吏绝不会奏报"幽州地大震"，而应该奏说"涿州地大震"。反之，"幽州地大震"，不能说是涿州"固安地大震"。第三，持"河北固安说"者指出，"现在的位置（河北固安）参考了《宋史·五行志》'嘉祐二年二月十七日雄、霸二州地震，四月河北数震'及乾隆任丘县志和雄县民国新志均有嘉祐二年四月，地大震，坏城郭，复压死者数百人'的记载改定的"。以上史料，只能证明雄县、霸州、任丘等县有地震发生在1057年，根本不能证明固安县有地震，更没有根据说地震震中在"河北固安"。

另外，复旦大学历史地理学教授王仁康先生认为，"此次地震当发生

跋

在宋雄州北部与辽管辖的旧幽州交界处，即今河北容城以北、霸县至定兴一带。"详见《复旦学报》（社会科学版）1980年第2期载《宋嘉祐二年"雄州北界幽州地大震"考释》（以下简称《考释》）。笔者拜读了《考释》一文，它否定了"河北固安说"，也否定了"北京附近说"。指出："要弄清这次古地震的发生位置，关键在于'雄州北界幽州地大震'的幽州，指什么地方。是指当时辽的都城南京（今北京城西南），还是指幽州与雄州北界相交的一段地区。"接着，该文明确指出："从《续资治通鉴长编》的行文来看，当指后者。"也就是王仁康先生在《考释》一文作出的结论："故'雄州北界幽州地大震'的地理位置，当在今容州以北，霸县至定兴县一带"。《续资治通鉴长编》卷一八五载：宋嘉祐二年"四月丙寅，雄州言：北界幽州地大震。大坏城郭，覆压死者数万人"。这是原文，明明白白地说是"北界幽州地大震"，没有一句话，也没有一个字说"容城以北霸县至定兴县一带地大震"。我们实在无法理解《考释》一文作者从《续资治通鉴长编》的行文，得出的此次地震的地理位置在"容城以北、霸县至定兴县一带"的结论。

从当时的政治地理形势看，北宋和辽双方以白沟为界，维持南北对峙之局。白沟以北是后晋石敬瑭于会同元年（938）割让给契丹的"燕云十六州"之一的幽州。第二年，辽太宗耶律德光升幽州为南京（又称燕京）。白沟以南是北宋的雄州和霸州。北京地区唐朝时称为幽州。1057年幽州大地震，当时宋人还是习惯性地承袭了自唐以来把雄州北面的燕京称为"幽州"。这一点，可以从北京出土的唐朝墓志中，记载墓葬位置得到证明。1956年在北京永定门外安乐林出土的唐建中二年（781）棣州司法姚子昂墓志："葬于幽州城东南六里燕台乡。"又在1957年在北京东单御河桥出土的唐元和三年（808）西河任紫宸墓志："宅兆于幽州东北原七里余。"同年，还是在北京东单御河桥出土的唐元和八年（813）黎阳桑氏夫人墓志："葬于幽州城东北五里燕夏口海王村。"所以，我们的结论是，

1057年"幽州大地震"，就是今天的北京地区大地震。

另外，发现了一次北京破坏性大地震，填补了北京大地震史的一次空白。1626年5月30日（明天启六年五月六日）北京城发生了一起历史上从未见到的特大灾变——王恭厂火药库大爆炸。灾变中心在北京西南隅王恭厂（今宣武门西北光彩胡同和永宁胡同）一带。那天突然"有声如吼"，从城东北方移向城西南角，"灰气湧起，屋宇动盗"。又忽然"大震一声，天崩地塌，昏黑如夜，万室平沉，东至顺城门（宣武门）大街，北至刑部街，长三四里，周围十三里，尽为齑粉，屋以数万计，人以万计。王恭厂一带糜烂尤甚，僵死层叠，秽气熏天，瓦砾盈空而下，无从辨别街道门户。伤心惨目，笔所难述"。（见张海鹏辑：《天变邸抄》）这次巨大灾变震惊整个明廷朝野，连天启皇帝的性命差一点断送。当地震发生时，在乾清宫用膳的明熹宗朱由检吓得扔下杯箸，"急奔交泰殿"，"内侍俱不及随，止一近侍掖之而行。"当皇帝跑到建极殿（清称保和殿）时，殿上的鸳瓦飞下，扶掖他的那个近侍脑袋击裂，当场毙命。"乾清宫御座御案俱翻倒"，吓得皇帝脸如土色，无所适从。正在大殿施工的工匠们，从脚手架上震落下来，"约有二千人俱成肉袋。"（见张海鹏辑：《天变邸抄》）

对上面这场巨大的三百八十多年前京城灾难，究竟是什么原因造成的，历史上就众说纷纭。有人认为是"上天示警"，有人说是"奸细破坏"，还有人认为"火药库不戒自焚"。现代史学界有人认为是火山爆发引起的，有人认为是火药库爆炸引起的，有人认为是"地下强暴"引起的，有人认为是天空陨石落到北京王恭厂火药库引起的，还有人认为是"UFO"（飞碟）引起的。当然，也有人认为是地震引起的。属于地震引起说的学者意见亦不一致。有人认为是1626年山西灵丘县地震的前震，有人认为是河北蓟县地震引起的。本人认为，王恭厂巨灾是由北京地区的强震引起的火药库大爆炸，大爆炸引起了京城的大破坏并形成龙卷风，致使王恭厂及周围造成巨灾和奇特现象，又掩盖了北京地区当时曾发生地震的历史事实。本人根据历史史料证明 1626 年 5 月 30 日北京及周围有一次由地震的前兆、前震、主震、余震四个阶段组成的完整的强烈地震过程。查到了地震的目击者吴二说，他看见地震时出现的火光之后，王恭厂的"满厂药罈烧发"，致使火药库爆炸。王恭厂火药库的巨大爆炸声和由此产生的罕见的骇人听闻的破坏，又掩盖了地震的历史事实。1986 年 5 月 30 日，正好是北京王恭厂灾变三百六十周年纪念日，由北京地质学会、国家地震局地质研究所、国家地震局分析预报中心等 21 个单位发起的《1626 年北京地区特大灾异综合研究学术讨论会》上，本人发表论文，解开了王恭厂巨灾之谜，认为是北京大地震引起王恭厂火药库大爆炸，受到与会专家学者绝大多数人的赞同，成为会议的主流观点，解开了中国历史上（亦是北京历史上）380 多年的历史悬案。

关于学术价值。第一，本人认为《北京及周边地区历史地震研究》，是北京乃至华北地区第一部大地震研究的专著，填补了该地区专门研究大地震的空白。第二，可以给其他省市或地区进行大地震研究以启示。第三，可供历史学者、地震学者、历史地震学者以及建筑师学习和参用。第四，本人记录和描述了北京历次大震，为今人和后人提供大量防震、抗震、减灾的经验和教训，对现在的北京安全仍有警示作用。第五，北京正在向国际化大都市迈进，大规模的现代化建筑蓬勃展开，本书可供设计部门和工程师们建高楼大厦前选址的地质依据，避免坐落在地震断裂带或地震址上，以防历史地震灾害重演，造成不必要的浪费和损失。

贺树德

2012 年 12 月 30 日

于北京市社会科学院

参考文献

1.（唐）房玄龄等撰：《晋书》，中华书局点校本 1974 年版。

2.（梁）沈约撰：《宋书》，中华书局点校本 1974 年版。

3.（宋）李焘：《续资治通鉴长编》。

4.（元）脱脱等撰：《宋史》，中华书局点校本 1985 年版。

5. 徐松辑：《宋会要辑稿》。

6.（元）脱脱等撰：《辽史》，中华书局点校本 1974 年版。

7.《北京史苑》第二辑，北京出版社 1985 年版。

8.《光绪顺天府志》。

9.《永乐大典》引《元一统志》。

10. 赵万里辑《元一统志》。

11.（清）洪良品纂：《光绪顺天府志》。

12.（民国）李芳：《顺义县志》，民国廿年铅印本。

13.《复旦学报》（社会科学版）1980 年第 2 期。

14.《北京及邻区地震目录汇编》1978 年铅印本。

15. 李善邦主编：《中国地震目录》第一、二集合订本，科学出版社 1971 年版。

16. 北京市地震地质会战办公室编：《北京地区历史地震资料年表长编》，1977 年 3 月铅印本。

17.《日下旧闻考》，北京古籍出版社 1980 年版。

18.《北京地震考古》，文物工作队出版，1984 年 10 月第 1 版。

19.（宋）曾巩：《元丰类稿》，明隆庆五年南丰邵康校刻本。

20.（宋）赵愚汝：《宋名臣奏议》。

21.（清）李培祐:《保定府志》,光绪十二年刻本。

22. 乾隆《玉田县志》。

23. 李善邦主编:《中国地震目录》第二集《分县地震目录》,科学出版社 1960 年版。

24.（明）宋濂等撰:《元史》,中华书局点校本 1976 年版。

25. 屠寄:《蒙兀儿史记》卷十二,《硕德八剌可汗纪》。

26.（明）王圻:《续文献通考》,明万历三十一年松江府刻本。

27.（元）宋褧:《燕石集》,清抄本,藏北京图书馆。

28.（元）苏天爵:《滋溪文稿》卷一三。

29.（清）陈坦撰修:《宣华县志》,康熙五十年刻本,又见乾隆八年刻本。

30.《明实录·成化实录》。

31.（清）张廷玉等纂:《明史》,中华书局点校本 1974 年 4 月版。

32.（清）王鸿绪:《明史稿》,清敬慎堂刊本。

33.（明）谈迁:《国榷》,卷四〇,第 2487 页。

34.（明）查继佐:《罪惟录》,四部丛刊三编本。

35.（明）唐绍尧:《文安县志》,崇祯四年刊本,清康熙十二年刊本,康熙四十二年刊本。

36.（明）陈建:《皇明通纪》,明刊本。

37.《明实录·正德实录》。

38.（明）徐学聚:《国朝典汇》,明刻本。

39.（清）孙之騄:《二申野录》,光绪廿八年吟香馆刻本。

40.（清）张象灿修,马恂纂:《大城县志》,康熙十二年刊本。

41.（清）赵炳文等重修,刘钟英等撰:《大城县志》,光绪二十三年刻本。

42.（明）唐交等修:《霸州志》,嘉靖二十七年本。

43.（清）张庆祖修,张景撰:《良乡县志》,康熙抄本,康熙三十九年刻本。

44. 李善邦主编:《中国地震目录》第一集，科学出版社 1960 年版。

45.《明实录·嘉靖实录》。

46. 曹子西主编，贺树德编撰:《北京地区地震史料》，紫禁城出版社 1987 年版。

47.（明）王纳言:《丰润县志》，隆庆四年刊本。

48.（清）郑桥生:《遵化县志》，康熙十五年刊本。

49.（清）赵端:《抚宁县志》，康熙二十一年刊本。

50.（清）陈伯嘉撰修:《三河县志》，康熙十二年修，抄本，藏北京图书馆。

51. 王越主编:《北京历史地震资料汇编》，专利文献出版社 1998 年版。

52.（清）陈杲修，王大信等撰:《三河县志》，乾隆二十五年刻本。

53.（明）唐臣:《真定府志》，嘉靖二十六年刊本。

54.（清）梁舟:《安肃县志》，康熙十三年刊本。

55.（清）翟慎行:《武强县新志》，道光十年重刻本。

56.（明）陈士元:《滦志》，康熙十八年刊嘉靖本。

57.（明）周宇:《滦志》，万历四十六年刊本。

58.（明）王士美等修撰:《康熙东安县志》，康熙十六年刊本。

59.（清）张朝琮:《永平府志》，康熙五十年增刊本。

60.（清）卫立鼎:《卢龙县志》，康熙十九年增补顺治十七年本。

61.（清）王曰翼:《昌黎县志》，康熙十三年刊本。

62.《明实录·隆庆实录》。

63.（清）傅维鳞:《明书》。

64.（清）李大章:《东安县志》，康熙十六年刊本。

65.（明）史国典:《怀柔县志》，万历三十二年刊本。

66.（清）赵弘化:《密云县志》，康熙十二年刊本。

67.（清）燕臣仁:《迁安县志》，乾隆二十二年刊本。

68（民国）唐肯修、章钰撰：《霸县志》，民国八年铅印本。

69.（清）成其范修，柴经国撰：《保定县志》，康熙十二年刊本。

70.（清）胡公著：《海丰县志》，康熙九年刊本。

71.（明）曾一侗：《商河县志》，崇祯十年修，万历十四年本。

72.（明）李时芳：《蒲台县志》，万历十九年刊本。

73.（清）尹继美：《黄县志》，同治十年刊本。

74.（清）党丕禄：《昌邑县志》，康熙十一年刊本。

75.（民国）梁秉锟：《莱阳县志》，民国二十四年刊本。

76.《明实录·万历实录》。

77.（清）李英：《蔚州志》，顺治十六年刊本。

78.（明）祝徽：《山西通志》，万历三十年修，崇祯二年刊本。

79.（清）胡文烨：《云中郡志》，顺治九年刊本。

80.（明）刘世治：《广昌县志》，崇祯三年刊本。

81.（清）林华皖：《新乐县志》，康熙元年刊本。

82.（清）陈坦：《宣化县志》，康熙五十年刊本。

83. 谢毓寿、蔡美彪主编：《中国地震历史资料汇编》，第二卷，科学出版社 1985 年版。

84.（清）施彦士：《万全县志》，道光十四年补刻乾隆本。

85.（清）章焞：《龙门县志》，康熙五十一年刊本。

86.（清）杨大昆：《怀安县志》，乾隆六年刊本。

87.（清）张充国：《西宁县志》，康熙五十一年刊本。

88.（清）张其珍：《定兴县志》，康熙十一年刊本。

89.（清）黄开运：《定州县志》，康熙十一年刊本。

90.（明）王国祯：《保定府志》，万历三十五年刊本。

91.（清）刘士铭：《朔平府志》，雍正十一年刊本。

92.（清）龙文彬：《明会要》，中华书局 1956 年版。

93.（明）顾其志：《揽苴微言》（不分卷）。

94.（清）李仲俾：《延庆州志》，乾隆七年刊本。

95.（清）何道增修：《延庆州志》，光绪六年刊本。

96.（清）夏祚焕：《新安县志》，康熙年间增刻，顺治四年本。

97.（清）王克淳：《容城县志》，乾隆二十六年刊本。

98.（明）孙居相：《恩县志》，雍正元年重刻，万历十二六年本。

99.（清）胡德琳：《东昌府志》，乾隆四十二年刊本。

100.（清）王鼐：《滑县志》，顺治十一年刊本。

101（明）马应龙：《杞乘》，万历二十七年刊本。

102.（明）罗士学：《沛志》，万历二十五年刊本。

103.（明）宋祖舜：《淮安县志》，天启六年修，清顺治六年刊本。

104.（清）余光祖：《安东县志》，雍正五年刊本。

105.（清）姜际隆：《新续宣府志》，不分卷，无页码，康熙十二年抄本，藏北京图书馆。

106.（清）朱乃恭修，席之瓒撰：《怀来县志》，光绪八年刻本。

107.（清）李英：《蔚州志》，顺治十六年刊本。

108.（清）王五鼎：《广灵县志》，康熙二十四年刊本。

109.（清）万一萧修，乔寓等撰：《康熙永清县志》，康熙十五年刻本。

110.（民国）吴翀修，曹涵等撰：《武清县志》，民国二十八年王文林重印本。

111.国家地震局编：《中国地震简目》，地震出版社1977年版。

112.（清）孙宗元：《滦州志》，康熙十二年抄本。

113.（明）刘若愚：《酌中志》，海山仙馆丛书。

114.（清）计六奇：《明季北略》，中华书局1986年版。

115.（清）张一谔：《迁安县志》，康熙十八年刊本。

116.（清）毕自严：《石隐园藏稿》，康熙年间刻本。

117.（清）毕自严:《饷扶疏草》。
118.（清）王曰翼:《昌黎县志》，康熙十三年刊本。
119.（清）陈起凤:《临邑县志》，顺治九年增刊万历本。
120.（清）戴王缙:《德平县志》，康熙十二年刊本。
121.（明）王永积:《武定州志》，崇祯十二年刊本。
122.（民国）张坪:《沧县志》，民国二十二年刊本。
123.（清）白为玑:《东光县志》，康熙三十二年刊本。
124.（民国）耿兆栋:《景县志》，民国二十一年刊本。
125.（清）张海鹏辑:《天变邸抄》，嘉庆七年刊本。
126. 文秉:《先拨志始》。
127.（明）沈国元:《两朝从信录》。
128.（明）朱长祚:《王镜新谭》。
129.（清）张朝琮:《蓟州志》，康熙四十三年刊本。
130.《天启佚史》。
131. 吴伟业:《绥寇纪略》。
132. 刘侗、于奕正:《帝京景物略》。
133.《明实录·天启实录》。
134.（清）岳宏誉:《灵丘县志》，康熙二十三年刊本。
135.（明）刘世治:《广昌县志》，不分卷，崇祯五年刊本。
136.（清）吴存礼:《通州志》，康熙三十六年刊本。
137.（明）高出:《镜山庵集》，天启间刊本。
138.（明）庄廷珑:《明史钞略》，哲皇帝本纪下。
139.（明）金日升:《颂天胪笔》，崇祯二年刊本。
140.（清）陆宬箴:《涞水县志》，康熙十六年刊本。
141. 赵尔巽等撰:《清史稿·灾异志》，中华书局 1976 年版。
142.《康熙实录》。

143 ［日本］佐伯好郎:《支那基督教的研究》,日本昭和十九年印本。

144.魏特著,杨丙辰译:《汤若望传》,第二册,1738 年英译本。

145.杨光先:《不得已》,抄本。

146.(清)黄成章:《顺义县志》,康熙五十九年刊本。

147.(清)戴梦熊:《阳曲县志》,康熙二十年刊本。

148.(清)胡元朗:《天镇县志》,乾隆四年刊本。

149.(清)刘士铭:《朔平府志》,雍正十一年刊本。

150.(清)侯凯、兰炳章:《左云县志》,民国石印光绪七年增刻,嘉庆八年本。

151.(清)邓钦祯:《武清县志》,康熙十五年刊本。

152.(民国)董天华:《卢龙县志》,民国二十年刊本。

153.(清)孟思谊:《赤城县志》,康熙十三年刊本。

154.(清)杨大崐:《怀安县志》,乾隆六年刊本。

155.(清)杜登春、李我郊:《广昌县志》,康熙三十年刊本。

156.董含:《三冈识略》卷八,《京师地震》。

157.顾景星:《白茅堂集》,康熙年刻本。

158.江闿:《江辰六文集》,康熙年刻本。

159.释大仙:《离六堂文集》,康熙怀古楼刻本。

160.尤侗:《于京集》,辑于《尤西堂全集》。

161.王嗣槐:《桂山堂诗选》,辑于《桂山堂文选》。

162.清内务府满文红白本档,藏中国第一历史档案馆。

163.清内务府满文奏销档。

164.清内务府各司满文红本档。

165.《康熙十八年起居注册》。

166.清内务府满文来文档。

167.《满文康熙上谕》。

168. 邵长蘅:《青门旅稿》。

169. 杨照:《杨明远诗集》,怀古堂藏版。

170. 毛奇龄:《毛西河先生全集》,乾隆三十五年刻本。

171. 徐文驹:《师经堂集》,康熙间学古楼梓行刻本。

172.(清)张茂节修,李开泰撰:《大兴县志》,康熙二十四年抄本。

173. 清内务府满文广储司呈文档。

174. 清内务府营造司满文呈文档。

175. 清内务府各司满文红白本档。

176. 清内务府大臣奏折,康熙十九年十月初二日。

177.(清)宋德宜:《重修长椿寺碑记》,石刻。

178. 冯溥:《佳山堂诗集》,康熙十九年刻本。

179. 周之麟:《重修文昌阁并关帝张靖江王及诸神碑记》,石刻。

180. 王熙:《重修岳忠武鄂王新建都主殿记》,拓本。

181. 李仙根:《重修善果寺后记》,拓本。

182. 湛祥:《重修永寿寺观音庵碑记》,拓本。

183. 释·天孚:《广济寺新志》。

184. 赵吉士:《万青阁自订全集》,康熙二十九年刻本。

185. 高士奇:《金鳌退食笔记》,朗润堂藏版。

186. 刘廷玑:《在园杂志》,康熙乙未年刻本。

187.《康熙上谕》,康熙十八年八月初六日。

188. 杜赫德:《中国地理历史政治及地文全志》,1738 年英译本。

189. 清内务府满文口奏绿头牌红白本档。

190. 康熙十八年九月十二日经筵讲官礼部尚书加二级色塞黑等谨题。

191. 刘献廷:《广阳杂记》,清抄本。

192.(民国)鲍实等撰修:《芜湖县志》,民国八年石印本。

193.(清)徐心田修撰:《南陵县志》,嘉庆十三年刻本。

194.（清）张彬扬修，李士璜撰：《龙泉县志》，康熙二十二年刻本。

195.（清）钱塘修，郝登云撰：《襄陵县志》，光绪七年刻本。

196.汤斌：《潜庵先生遗稿》，康熙二十九年刻本。

197.（清）周植瀛、吴浔源：《东光县志》，光绪十四年刊本。

198.钦天监监正明图等题本，康熙五十九年六月初七日。

199.《北京天主教北堂藏法文资料》。

200.（清）李钟俾修，穆元肇等撰：《延庆州志》，乾隆七年刻本。

201.（清）吴景果撰修：《怀柔县志》，康熙六十年刻本，并见民国二十二年仿印本。

202.（清）薛天培等修撰：《密云县志》，雍正元年刻本。

203.（清）黄成章撰修：《通州新志》，雍正二年刻本。

204.（清）王育榞、李舜臣：《蔚县志》，乾隆四年刻本。

205.（清）左承业：《万全县志》，乾隆十年刊本。

206.（清）胡元朗：《天镇县志》，乾隆四年刊本。

207.《清圣祖实录》。

208.（清）朱乃恭、席之瓒：《怀来县志》，光绪八年刊本。

209.谢毓寿、蔡美彪主编：《中国地震历史资料汇编》第三卷（上），科学出版社1987年版。

210.《清世宗实录》。

211.樊国梁：《燕京开教略》，光绪三十一年刊本。

212.肖若瑟：《圣教史略》，光绪三十一年刊本。

213.［日本］石田千之助：《郎世宁传考略》，贺昌群译，见《国立北平图书馆馆刊》第七卷，3·4合刊（圆明园专号）第6页。

214.冯秉正（De Mailla）：《中国通史》第11册。

215.汤用中：《翼驹稗编》，道光二十九年刻本。

216.清雍正八年内务府《白本满文档》。

217. 清《雍正九年奏销档》。

218. 于敏中等撰:《日下旧闻考》,清乾隆间武英殿刻本。

219. 鲍锓:《裨勺》(不分卷),赐砚堂丛书本,清道光年刻本。

220. 雍正十二年《重修全浙会馆碑记》,石刻。

221.(民国)余谊密、彭萃文、漤文波等撰:《芜湖县志》,民国八年本。

222.(清)乾隆六年《重修义冢碑记》,清代刻本。

223. 徐上镛:《歙县会馆录》,清道光年刻本。

224. 李绂:《穆堂别稿》,乾隆丁卯年刻本,奉国堂藏版。

225.《湖北江夏会馆沿革》。

226.《闽中会馆志》卷三,乾隆二十年《重修建宁会馆碑记》,清代刻本。

227. 陈法圣:《定斋先生犹存集》,道光十四年刻本。

228. 钱钢:《唐山大地震》,载《解放军文艺》1986年第3期。

229.《雍正上谕》,见《史料丛编》本。

230.《大清会典事例》,清刊本。

231. 张廷玉:《澄怀主人自订年谱》,光绪六年刊本。

232. 护理宁远将军纪成斌奏折,雍正八年九月十六日。

233.《乾隆实录》。

234. 直隶河道总督高斌奏折,乾隆十一年六月十二日。

235. 直隶总督那苏图奏折,乾隆十一年六月十八日。

236. 国家档案局明清档案馆编:《清代地震档案史料》,中华书局1959年4月版。

237.(清)刘赓年:《灵寿县志》,同治十二年刊本。

238.《河北深县地震调查报告》。

239.(清)张範东、李广滋:《深州志》,道光七年刊本。

240.《获鹿县药王庙碑记》拓片。

241.(清)翟慎行:《武强县志》,道光十一年刊本。

242.（清）周杖、陈柱：《南宫县志》，道光十一年刊本。

243.（清）王增芳、成瓘：《济南府志》，道光二十年刊本。

244.（清）沈淮：《临邑县志》，道光十七年刊本。

245.（清）沈淮、李图：《陵县志》，道光二十六年刊本。

246.（民国）杨豫修、阎廷献：《齐河县志》，民国二十三年刊本。

247.（民国）曹梦九、赵祥俊：《平原县志》，民国二十五年刊本。

248.（清）吴士鸿、孙学恒：《滦州志》，嘉庆五十年刊本。

249.（清）吴惠元、蒋玉虹：《天津县志》，同治九年刊本。

250.（清）沈锐：《蓟州志》，道光十一年刊本。

251. 直隶总督吴熊光奏片，嘉庆十年七月初一日。

252.（清）吴惠元、蒋玉虹：《续天津志》，同治九年刊本。

253.（清）祝嘉庸、吴浔源：《宁津县志》，光绪二十六年刊本。

254.（清）杨文鼎、王大本：《滦州志》，光绪二十四年刊本。

255.《益闻录》，光绪八年壬午十二月初二日。

256. 署直隶总督张树声录副奏折，光绪八年十一月十四日。

257. 监察御史贺尔昌奏折，光绪八年十一月廿日。

258. 管理钦天监事务奕谅等奏折，光绪八年十月二十四日。

259.（清）张谐之、杨展：《定兴县志》，光绪十六年刊本。

260.（清）张炳矗、王锷：《新城县志》，光绪二十一年刊本。

261.（清）陈洪书、李星野：《望都县新志》，光绪三十年刊本。

262.（清）殷树森、汪宝树：《南皮县志》，光绪十四年刊本。

263.（民国）高步青、苗毓芳：《交河县志》，民国六年刊本。

264. 国家地震局地球物理研究所编：《北京及邻区地震目录汇编》。

265. 赵尔巽等撰：《清史稿·德宗本记》，中华书局 1976 年 7 月版。

266.《光绪朝东华录》，宣统刊本。

267.《申报》，光绪十四年戊子五月初六日。

268.《申报》，光绪十四年戊子五月初十日。

269.《字林西报》（英文），1888 年 6 月 20 日。

270.（清）杨文鼎：《滦县志》，光绪二十四年刊本。

271.（民国）张鹏翱、陶宗奇：《昌黎县志》，民国二十年刊本。

272.《申报》，光绪十四年戊子五月十三日。

273.（民国）侯荫昌、张方墀：《无棣县志》，民国十五年刊本。

274.（民国）朱兰、劳迺宣：《阳信县志》，民国十五年刊本。

275.阎容德、王鸿绩：《惠民县志稿·近五十年大事表》，民国稿本。

276.（民国）王廷彦、盖尔洁：《利津县续志》，民国二十四年刊本。

277.（民国）盖景延、孙似楼：《禹城县志》，民国二十八年刊本。

278.（民国）宋宪章、邹元中：《寿光县志》，民国二十五年刊本。

279.（民国）罗宗瀛、成瓘：《邹平县志》，民国三年增补，道光十六年刊本。

280.（清）陈嘉楷、尹聘三：《昌邑县续志》，光绪三十三年刊本。

281.（清）何崧泰、史朴：《遵化县志》，光绪十二年刊本。

282.《申报》，光绪十四年戊子五月十四日。

283.《申报》，光绪十四年戊子六月十五日。

284.《大公报》，宣统三年正月初九日。

285.《大公报》，宣统二年十二月二十六日。

286.《时报》，民国十二年九月十七日。

287.《东方杂志》，二十卷，19 日。

288.《申报》，1934 年 10 月 29 日。

289.《新民报》（南京），1934 年 10 月 29 日。

290.《大公报》（天津），1934 年 10 月 29 日。

291.《世界日报》（北平），1934 年 10 月 29 日。

292.《申报》，1935 年 1 月 21 日。

293.《申报》，1936 年 2 月 17 日。

294. 谢毓寿、蔡美彪主编:《中国历史地震资料汇编》第四卷（上），科学出版社 1985 年 10 月第 1 版。

295. 王竹泉:《河北滦县地震》，载《地质评论》第 12 卷第 1 期，1947 年。

296.《中央日报》（昆明），1945 年 10 月 15 日。

297. 谢毓寿、蔡美彪主编:《中国地震历史资料汇编》第五卷，科学出版社 1983 年版。

298. 中央地震工作小组主编:《中国地震目录》（三、四册合订本），科学出版社 1971 年版。

299. 钱钢:《唐山大地震》，载《解放军文艺》1986 年第 3 期。

后 记

　　本书的出版，得到中国地震台网中心领导的鼎力支持和地震科学数据共享中心的慷慨资助。特别是代光辉同志积极主动的热情的多方联系、协商，任劳任怨，为本书的面世发挥了重要作用。在此，表示真诚的、由衷的感激。

　　西北大学北京校友会常务副会长俞行同志长期地真心实意地支持出版本书，他宣传本书的防震抗震的经验、教训和今后楼房建筑安全的警示作用；他多方联系出版单位，推荐作序者等多方面的实实在在的帮助，本人表示崇高的敬意。

　　北京社会科学院办公室主任邢昀和王灿炽研究员以及北京市哲学社会科学规划办公室副主任李建平研究员，都给予热情的帮助与推介，谨致谢忱。

　　蜚声中外著名的中国科学院院士翟明国研究员，在百忙中，为本书写了热情洋溢的十分中肯的序言。北京燕山出版社出版部主任马明仁和责任编辑金贝伦同志，为本书的出版尽心尽力，作者一并表示感谢。

　　本书插图摘自谢毓寿、蔡美彪主编《中国地震历史资料汇编》、国家地震局地球物理研究所编《北京及邻区地震目录汇编》和地震考古组编《北京地区历史地震资料年表长编》，在此一并谢忱。

贺树德

2012 年 12 月 30 日

于北京市社会科学院